FULL BODY AWAKENING

ホログラム・マインドⅢ

フルボディ覚醒

グレゴリー・サリバン

エクササイズの習慣化で「フルボディ覚醒」を起こそう

『ホログラム・マインド』シリーズ最新作としてエクササイズを一冊にまとめるその意義と決意

この日本で10年以上に渡って活動してきた私が、中心に据えているテーマは「実体験を伴い、宇宙存在を体感していただく」というものでした。宇宙の世界というものは、自分の肌と五感で感じて、そして自分の経験に落とし込むことが理想的なアプローチになります。

そんな中で、２０２１年7月に発売された『ホログラム・マインドII　宇宙

人として生きる』は、刊行と同時に好評をいただき、読者の皆さんからは、直接・間接問わずさまざまな反響がありました。それは2016年刊行の第一作目である『ホログラム・マインドI　宇宙意識で生きる地球人のためのスピリチュアルガイド』をはるかに上回る量になりました。

読者の皆さんから届いたフィードバックの中で、最も多く寄せられたもののひとつが「エクササイズ」についての質問でした。

『ホログラム・マインドI&II』では、私自身が経験してきたことや、その時点で持っている知識や情報の中に、主だったエクササイズを混ぜ込んでいくという構成を採用していたのですが、エクササイズの重要性に気づいた方や読んでいる途中で内容が気になった方、あるいはそれを実践して人生が変わるくらいの体験をされた方が想像以上に多かったのです。

それと同時に、直接の対面やリモートでのセッション問わず、読者の皆さんにお会いすると、必ずと言っていいほど「私はエクササイズを正しくやれているのか心配です」「12次元シールドの回転はこれが正しいのでしょうか?」「この動きをやってしまうと効果がなくなるのでしょうか?」など、たくさんの質問が飛び出すのです。

実際に、私自身も『ホログラム・マインドII』の制作が佳境を迎えた頃、4年越しの大作が終わりに近づき、肩の荷がようやく下ろせるという安堵感と達成感を感じながら、「エクササイズをより明確なものにして皆さんにシェアしないといけない」という想いが芽生えるようになりました。

いつも「JCETI」(日本地球外知的生命体センター)が主催するワークショップでは、エクササイズの実践タイムがあるのですが、自宅でそれらを気軽にやっていただけるようにする時期が来たと感じ、次なるステップがはっきりと見えたのです。

エクササイズをより身近なものとして感じていただくために、世の中にあるヨガやストレッチや瞑想のマニュアルブックのように、高度なアセンションワークをまとめたい。それはもちろん、まだこの世にはない一冊となるでしょう。

本番のアセンションが急激に進行している現状
エクササイズを実践し、高次元からのサポートを得る

コロナ禍によって生じた現象の一つに、「宇宙と地球との距離が縮んでいる」というものがあります。コロナ禍がはじまった２０２０年以降、日本もＹｏｕＴｕｂｅ大国になり、そこで配信されるものを通じてたくさんの人が宇宙エネルギーに触れて感じるようになりました。

さらに、『ホログラム・マインドⅡ』でも記したように、いよいよ本番のアセンションが進行している中で、今まで知っていた世界というものが自分の目の前で崩れかかっているのを多くの人が目の当たりにしています。言わば、皆さんの

眼前には、パズルを完成させるためのピースがほぼ全て揃ったような状態なのです。

ここから最終的にパズルを完成させるためにどうすればいいのか？ そのために必要なステップとして、「高次元からのサポートを自力で得る」というものがあります。それを実際に取り入れたり活用したりする方法やテクニックが、さまざまなエクササイズになるのです。本書ではそれをルーティン化していくやり方を詳しく解説していきます。

エクササイズを実践していただき、自分の経験が宇宙化する流れに乗ることができると、改めて『ホログラム・マインドⅠ＆Ⅱ』を読み直した時に、そこに書かれた内容の真の意味に気づくことができるようになります。

それはまさに、英語で「Experience-Based Knowledge（経験に基づく知識）」と呼ばれるものを身につけることへとつながっていきます。とはいえ、難しく考える必要はありません。

高度なアセンションのツールですが、「気楽なハウツー本」としてポップにお伝えします。何気なく手に取った本書で初めてこの宇宙の世界に触れるという方もいらっしゃるでしょう。そして、ヨガや瞑想をはじめとして今まで健康にまつわる勉強をされてきた方にとっては、「グレゴリーさんたちはこういうことをやってきているんだ。日常生活にもこんな風に関わってくるんだ」ということも理解していただけるはずです。

読者の皆さんが今感じている困難や不安、そして様々な心配を乗り越えていくためには、実際に宇宙ファミリーが存在していることを感じてもらうことが一番です。心がほっと安心するようなエネルギーワークを実践すれば、間違いなくあなたが〝地球にいる時間〟というものが、どんどん楽になっていくことでしょう。

CONTENTS

Chapter2

自分の力で簡単にできる！フルボディ覚醒3ステージプログラム

Stage 3

Chapter2

Chapter3

Hologram Mind Maxim

高次元とコミュニケーションしているのは、
頭やハートチャクラだけでなく、
まさに「全身」そのものであり、
自分の肉体とオーラも含めた
すべてが覚醒出来るのです。

Chapter 1

アセンションルーティンとフルボディ覚醒

あなたが「フルボディ覚醒」を起こせば真の目覚めへと導かれる

私の2本柱「CE-5」「ETスピ」をはじめて17年が経過、託された重要なミッション

本論に入る前に最初に私のことをお伝えいたします。

私は、２０１０年に「ＪＣＥＴＩ（日本地球外知的生命体センター）」を設立し、その後10年以上に渡って地球外生命体を専門に扱ってきました。長らく日本に浸透していた「宇宙人」や「ＵＦＯ」にまつわる古めかしい固定観念を書き換

え、パイオニアとして、全く新しい宇宙観を皆さんに知っていただき、根付かせていくための活動に従事しています。

現在、スターシードやアセンションと言ったキーワードがやっと浸透してきていますが、当時は非常にマイノリティで、皆さんにとって未知の概念であったため理解をしてもらうことも難しい状況でした。

ＪＣＥＴＩでは、日本の土地のエネルギーグリッドを活性化する野外での活動「ＣＥ-５コンタクト」を中心にしてきましたが、２０１３年に自宅や個人でアセンションを進めるための新たなプロジェクト「ＥＴスピ」をスタートさせました。「ＥＴスピ」とは〝ＥＴ＋スピリチュアル〟のことです。この2つの活動を柱としながら、アセンションの真の情報「アセンション学」も同時に学び、多くのスキルを身につけていました。そして、命の危険を晒すほどの活動をしているアドバンスレベルのスターシードたちをサポートしていくことを全身全霊でコミットしています。

日本の現状として、スピリチュアルに関心を持ってる方が、若者も含めてとても増えています。しかし、流行りの話題やテーマがどんどん入れ替わってるだけで、真の理解が進んでいないと感じています。現実から逃げるためのスピリチュアルではなく、高次元から得た叡智を日常で生かし、世界をよりよくしていくために、生きる力を取り戻すためのものであるべきです。

今はまだ「宇宙や高次元存在なんて、日々の暮らしには全く関係ない」と頭は考えてることでしょう。しかし実際には、生きている時間のすべてが宇宙や高次元と深く深く関わっているのです。高次元とコンタクトをして、受け取ったものを自分自身や日常生活に取り入れ、宇宙的ライフスタイルを実践していくことを「インセンション」と言います。インセンションは（自分の内面を優先する inner ascension＝インセンション）、高次元存在に頼るばかりではなく、主体的に自分から高次元エネルギーを取り扱えるようになるための練習あるいは訓練によって進んでいきます。

私が思う日本の現状をお伝えします。「二極化」や「統合」、あるいは「引き寄せ」や「癒し」が、必要なことのスタンダードになってますが、3次元的な暮らしのメリットや西洋心理学を中心した癒しに止まっています。しかし私たちに必要なのは、惑星ごとのアセンション（次元上昇）に一致していくことです。

地球と人類の歴史は、数多くの地球外の知的生命体達が介入してきた経緯があり、その痕跡は古代から受け継がれている秘儀として世界各地に残されています。「宇宙存在との交流」という事実はまるでファンタジーかのように隠され続けてきましたが、その歴史が終わるのです。地球人が何万年と経験していなかった個々人と異星人とのコンタクトが再開する、革命的な瞬間が迫っているのです。私たちの集団アセンションとは、肉体次元ではない存在たちと、対等かつ新たな家族のように交流できる次元にまで、意識とボディを引き上がる必要があるわけです。

聖なる多次元の秘技
インナーアセンションの正体

ここで、原点に戻るべきものとして自分の身体があります。今は肉体だけが自分の身体だという認識だと思いますが、身体は多次元構造の、自分独自の宇宙船なのです。肉体を含めた、全次元の身体＝フルボディを覚醒させていくことが、インセンションの要になります。現在は地球と宇宙の次元上昇に一致するために、私たちはライトボディの活性化が常に求められてる状況です。

地球は人類が乗っている宇宙母船、そして一人ひとりの身体は個人の意識の乗り物（つまり宇宙船）なのです。そしてどちらも、外宇宙と内なる宇宙、マクロスケールとミクロスケールの両方につながりあっています。

本書では、今までバラバラに存在していたライトボディに関するテクニックや、まだ日本では珍しい情報を集めてみなさんが活用できる「アセンション・ルーティン」として一冊にまとめることになりました。ヨガやストレッチのようなグレゴリー流エクササイズ集ですが、アセンションに対するスターシードのための内容です。毎日拡大しているアセンションライトボディを、日々自分自身でケアする「マイ秘技」を形成するものとなってます。まずはその目標を自分で設定することが大切です。

「全身覚醒」とは何か？

「覚醒」は最近人気のワードですが、皆さんに質問があります。

「覚醒とは、体のどの部分で起こると思いますか？」

これはワークショップでも、皆さんによく問いかけている内容です。皆さんから返ってくる回答は、「松果体」「サードアイ」あるいは「脳」や「心」という回答が中心です。どれも間違ってはいません。

ですが、私の答えは「全身」です。

３６０度そして全次元のフルボディが覚醒していくのです。オーラは聞いたことがあると思いますが、自分のオーラ層というものは実際の肉体以上に大きいものです。高次元とコミュニケーションしているのは、頭やハートチャクラといったパーツが行っているのではなく、オーラ層に置いても、まさに「全身」そのものです。自分の肉体とオーラも含めたすべてが覚醒可能なのです。だからこそ、この本では「フルボディ覚醒」というサブタイトルが付けられたのです。

前作の刊行から3年の歳月が流れましたが、世界は新型コロナウイルスのパンデミックが発生しました。各国でロックダウンが起こり、日本でも緊急事態宣言が発令されていたわけですが、コロナ禍で覚醒に至った人が多く、恵比寿駅前で営む私のサロンにはトータル数千人もの方が、私の高度なアセンションサポートを受けにこられました。そして2021年4月には、ビートたけしさんと国分太一さんがMCを務める新番組『23時の密着テレビ「レベチな人、見つけた」』（テレビ東京系列）の取材を受け、全国放送で私の仕事がオンエアされました。

フルボディ覚醒のためのロードマップ

全体像を見渡す「アセンション学」の11の柱

ステージ1からエクササイズをはじめていく前に、「フルボディ覚醒」に至るまでのロードマップとして、全体の流れを説明していきます。みなさんが取り組む1つひとつのインセンションへの努力は、大きな宇宙のプロジェクトに参加してることであり、全体にとって大切な一部であることを感じながら進んでいきましょう。

ここでは「アセンションに関する11個の柱」となるものをご紹介します。

アセンション学は、情報量が膨大かつ繊細であるため本当に難解です。だからこそ、私が長年さまざまな成長レベルの日本人スターシードをサポートした実体験からエッセンスを抽出し、その内容の整理と理解が進むよう4つの基軸を見出しました。それは「個人レベル」「集団レベル」そして「内面」「外面」という分類です。

エクササイズをスタートする前に、「フルボディ覚醒」がどういうものなのか、その意味や存在意義、どのような背景があるのか、それらすべてを理解することで、皆さんの宇宙観がクリアに整理されてくるでしょう。現在の日本においては、宇宙意識に関する情報は、重要な要素や本質が少なく、面白さや目新しさなど上澄みの部分をすくって書かれたものが溢れていています。

ここでは、大きすぎて全体像が把握しずらいアセンションの構成要素をすべて集めています。６つの個人レベルと5つの集団レベル、合計11のパーツとしてご紹介します。

Personal Level 1

深い内面シャドウワーク

実はインセンションは9割クリアリング作業だと言われてます。

高次元存在から新しいエネルギーを受け取っても、受け皿となる自分自身のなかに高度なエネルギーが定着するスペースがない状態のときがあります。往々にして、古いエネルギーが容量を必要以上にとってしまうことで、新しい波動が入る余地がないうえ、波動が違いすぎてバッティングが発生してしまっていることで起こるものです。

これを解消するためには、勇気を出して内面に抱える闇のなかでも一番深い闇の部分としっかり向き合い、観察し、宇宙的なセルフマスタリーなどを行い、内なるバランスを取る必要があります。その実現のためには、様々な試練やスピリチュアル危機、魂の暗夜などを乗り越えなくてはいけません。人間は癖の塊でもありますので、従来のパターンや周期から一歩踏み出すためには、危機的な状況にあえて直面したり、破壊と創造がもたらす力を借りたりしなくてはいけないのです。その結果として、内面のシャドウワークが進んでいくと、驚くくらい軽くなり、新しい情報（エネルギー）を受け取り、進化を体験することができます。否定し却下された自分、癒されていない自分、見捨てられた自分など、今まで封印してきたそれぞれの存在が一滴残らず、解放の光で変容されていきます。

Personal Level 2

ライトボディ・アクリション

ライトボディ・アクリションとは、高次元エネルギーを「感知し」「受け取り」「消化して保管する」プロセスの真ん中である「受け取る」ステップです。いわば、自分が受け取る準備ができている次の高次元エネルギーの層を導入していくプロセスです。クリアリングが進むと下準備となり、結果として自分のインセンションの最終ゴールへと向かう展開が本格的にスタートします。

現在の人体は炭素がベースですが、これからはケイ素をベースにした新しい構成の人体に変化していきます。通常、生命体として受け取り使用するエネルギーの量は地球というフィールドの範囲内におさまるものですが、アセンションでは、明らかに地球の外部である高次元空間から高度な情報を含んだエネルギーが降りてきます。このエネルギーは進化を促す力も強いため、オーバーヒートが起こらないよう、ハイアーセルフや宇宙ファミリーが0％から100％までを、段階的にオーラ層に蓄積し、少しずつ消化もしていきます。そして適切な個所へと分配されていきます。最終的にオーラ層全体が満ちると、それは永続的に固定され、高次元のエネルギーが保存されます。

Personal Level 3

スターファミリーとあなたが繋がる扉を開く

スターシードとは、生まれを時からスターファミリーとエネルギー的な繋がりがあります。そのエネルギーを地球に根ざすために生まれてきているからです。繋がりを自覚し、エネルギーを感得できるようになることで、魂のパワーをフル活用できるようになります。社会で活躍しているような人も、あるいは自信を失ってるような人も、スターシードとしての目覚めを起こすことで、役割としてのミッションが本格スタートします。

Personal Level 4

スピリチュアルの家（構造）の再構築

インセンションのためのスピリチュアルを知るヒントが宗教やヨガなど多くの教えの中にあります。しかし「宇宙に生きている」という真実を支えるエッセンスが抜け落ち隠されてきました。そのため、重要なことが断片的になってしまい、古い情報が繰り返されています。地球人が「宇宙人として高次元へと進化している」という視座を取り戻し、人類が一方的に受けてきた遺伝子操作のダメージの修復（バイオリジジェネシス）をしていく必要があります。

Personal Level 5

ネガティブ・エゴ（自我）の無害化

宇宙意識を開くためには、日々自分が自分ではないものにミスリードされ、望んでいない方向へと誘導されていることに気づく必要があります。それを認識し、ネガティブなエゴが握りしめている幻を無害化することによって、多面的なマイドンコントロールを受けた、狭い3次元マトリクスから脱出していきます。その先は真の宇宙意識がおとずれます。

Personal Level 6

責任を持った宇宙との共同創造

アセンションとは数万年単位の出来事であり、これを経験するというのは、参考となる正解も、お手本も、前例も「ない！」ということです。つまり、指示されるのを待つことに意味はなく、「自分で選ぶ」という最高のパワーを発揮しながら、この時代を最後まで見届けていきましょう。自ら責任をもって、宇宙に心と意識を開き、未知の地球を宇宙と共同創造していくのです。宇宙との共同創造のゴールは、個人的な自己満足や物欲ではなく、集団の波動そして人類全体の波動を上げることです。

Collective Level 1

スターシードの地球での大いなるミッション

現在の人類が「病気を患っている体」だとしたら、スターシードたちは白血球のような、健康に戻るための「免疫細胞」だと言えます。今はスターシードの社会不適合になりやすい性質や、繊細さゆえの弱さにフォーカスが当たりがちですが、実はその魂たちは非常に勇敢なのです。多くは他の惑星や星系や他の次元から、全人類の癒しと目覚めのために、次元の上昇のタイムラインが大きくジャンプする可能性が最高潮となったタイミングに合わせて生まれてきたのです。

今まで人類がアクセス不可能だった高次元の情報や波動を、古い状態の地球である、この物理次元に降ろす役割を託されています。人類の遺伝子にこの新しいエネルギーと情報を融合し、人間という生命体を「より高度で新らしい存在に進化させる」というミッションを魂で引き受け、そのサポートを地球で実践しているのです。

Collective Level 2

「4次元偽光」のコントロールから抜ける

地球を支配してきたネガティブグループ（アルコン）たちが指示役となり、見えない精神世界にこそ大きな罠が仕掛けられています。宇宙人情報・古代文明の謎・天皇家の真の歴史など、目覚めのために必要なルートを、あの手この手で真実を潰してきました。その目的は皆さんの「覚醒を止める」ことです。

アルコンの指示を実行するのは、ホログラム・マインドⅡに紹介してきた「トワイライト・マスター」やスピリチュアルの指導者であったりします。なぜなら、素敵な光の存在になりすましたアルコンを識別できず、無自覚のうちに偽光の幻想に使われてしまっていることが多いからです。現状としては数多くの目覚めたてのスターシードが影響を受け、惑わされてます。

さらに、真実を隠し潰すのはわかりやすい行為ですが、最も狡猾な罠は「お茶を濁す」という方法なのです。真実に偽の情報を混ぜたり、暴露情報のふりをして、人々の関心が本質からずれていくような、より狡猾で気づきにくい仕掛けがあります。

ですから、疑いや問題意識をもって、派手な情報の中から事実を振り分け、見極める感性を育てていきましょう。「わからない」「見えない」からといって、自分以外の情報を鵜呑みにする未熟なスピリチュアルは終わっていきます。「邪気なのか」「神気なのか」こだわりをもって、感じるエネルギーの識別ができるようにセルフマスタリーを身につけていくことです。

Collective Level 3

古いタイムラインを清算して癒す

人間の時間感覚では捉えられない、はるか昔にあった壮絶な宇宙戦争の影響が、実は今でも地球上に及んでいます。これが、地球で戦争が終わることなく続いている、隠された理由の一つです。

これから、人類が宇宙次元の未来を受け取るには、封印された過去の出来事を明らかにして、目を逸らさず理解し完全に癒す必要があります。

現在地球では、遥か彼方から避難している魂・救助活動をしている魂・あるいは、どの世界でも支配と強制的コントロールをしたがる魂など、全ての性質の魂がこのタイムラインで集合しています。次のステージへジャンプするためには、地球上のさまざまな部族のカルマの清算、虐殺のタイムラインを、長い銀河の歴史の中で繰り返された宇宙戦争の癒しと共に、過去の全てを隅々まで清算しなければならないいけません。ひと粒残らず闇が光へとシフトしていくプロセスを進めましょう。

Collective Level 4

地球と他の星系・銀河・多次元へのスターゲートの復活

地球も深いダメージを受けている惑星ですが、世界中のグリッドワーカーたちの長きに渡る努力の結果、地球から多次元宇宙へと繋ぐための、スターゲートの復活が成功し、ほぼ完了しています。スターゲートは古代から存在していますが、そのシステムの再構築と復活が随分と進んだわけです。これはもちろん、主に宇宙ファミリーが主軸となって行われています。地球ガイアが再び、正しいアカシックレコードや様々なエネルギーサポートにコネクトすることで、モザイク状に広がる宇宙の1つのピースとして、宇宙次元との双方的な交流や情報交換が再び始まります。これにより、環境破壊の修復や、地球のエネルギーグリッド、空・地底・海底など全ての層と領層も連動して、回復していきます。

Collective Level 5

惑星レベルの主体性

私たちは、人類が長い間受けてきた侵略と支配に気付かぬまま歴史を繋いできました。なぜならば、そのトップダウンコントロールの仕組みは、わからないように隠されてきたからです。この隠された侵入と支配という宇宙法則に対する不正は、何千年と続いてきました。しかし、これからは隔離と幽閉の中にいた地球が、広い宇宙コミュニティの仲間入りを果たし、自由に交流できるようになるのです。地球は新しい自分のポジションを得て、宇宙に開かれた惑星として主体性を発揮していくでしょう。

エクササイズを実践したあなたが理解できるようになるキーワードリスト

体内の異次元クリアリング
（内面シャドウワーク）

言霊の力

アセンション・ルーティン

インセンション

ライトボディ・アクリション
（光のアクリション）

スターファミリーとの再会

ライトコード

False Light
（偽光現象）

スターシード
&
ライトワーカー

コア恐怖心

ルーシュ

シュシュンマ

バイオ・
リジェネシス

タイムライン争い
NAA VS
GUARDIAN MISSION

エーテル手術

ガイア・ソフィア
（新生地球）

プラチナレイ

ライトボディ
（Liquid Soul）

ヒエロス・
ガモス

非オーガニック
意識

次ページでは上記キーワードの詳細を解説します。

体内の異次元クリアリング（内面シャドウワーク）

エネルギーの法則によって、高い振動をするものと低い振動をするものがバッティングすると、高い振動をするものが環境に影響を及ぼし、人間が長い間封印してきた不安とか負荷などのネガティブな感情や思考を解放していく現象が起こります。これらの問題は誰もがもつ「インナーシャドウ」と言われています。その性質を使って、表面化するものと対面し、素直に自分自身を解放させましょう。

アセンション・ルーティン

「アセンション」というプロセスは、少しずつ進んでいくものであり、私たち自身が努力して取り込むものです。毎日着替えたり歯を磨いたりお風呂に入るのと同様、エネルギーワークも日常生活に取り入れて習慣化し、ルーティンにするべきものです。長い間に私たちが慣れてきた地球の生活を一気に変えるとバランスが崩れるため、スムーズに移行していけるようにルーティンが必要になります。

ライトボディ・アクリション（光のアクリション）

「アクリション」とは〝付着による質量の増大〟。アセンション・ルーティンを進めると「ライトボディ・アクリション」の状態になり、光が増大します。アセンション・ルーティンは、宇宙情報を抱えるために私たちのキャパシティを拡大することが目的で、オーラ層のキャパシティを拡大すると光が貯まっていきます。高次元の周波数が付着した結果、自分自身のタイムラインの次元が上昇します。

ライトコード

実際に高次元の周波数の刺激が入り、具現化したものが「ライトコード（光の情報）」そのものです。ライトコードの中には、とても膨大な情報が含まれています。メールに添付されて送られてくる圧縮ファイルのようなものをイメージすると一番わかりやすいと思います。ETガイドから送られてくるのですが、私たちが通信という形やライトコードをダウンロードする形で受け取り、時間をかけて昇華していきます。

スターシード&ライトワーカー

スターシードとライトワーカーは人間に擬態しています。実はすごい経歴やミッションをもつ存在であり、地球のドラマの最終ステージに入っている私たちにとって、とても大事な役割を果たしています。宇宙から飛来し、地球人としてこの世に生まれ、人間社会の中から新しいエネルギーを生み出すことを体現しています。すべての国とすべての人種に存在しているパイオニアたちなのです。

言霊の力

高次元スピリチュアルには私たち自身の言葉の力を発揮することが大事になってきます。自分の希望や祈りなどをはっきりアファメーションとして唱えるだけで言霊の力が働きます。これを駆使して自分の世界をどんどん塗り替えていきましょう。原理として、言語や言葉の背後には言霊の波動やエネルギーの原型があります。エネルギーとの意識の連動が起こることで想像を超える力が働きます。

インセンション

真のアセンションのことを指し、私たちの眠れる内面の力を発揮することであり、インナーアセンションとも呼ばれます。私たちの次元においては、唯一確実に変えられることは「自分自身」であり、それは必ずや内側から始まります。内面の開放や進化を行うと、周りの人々に影響を与え、体験している世界そのものが変わっていきます。陰謀論や実現しない予言に左右されるのはやめましょう。

スターファミリーとの再会

私たちのインセンションのプロセスを手伝ってくれる必要不可欠なサポーターがスターファミリーであり、スターシードはそのファミリーの一員。地球に生まれる前から、スターファミリーが私たちを見守ってくれています。様々な次元から地球の大事なタイミングに集まっている仲間たちとコラボレーションをして、彼らの存在を受け止め、共に新たな地球人生を歩んでいきましょう。

False Light（偽光現象）

目覚めようとする人たちに対して、その真の目的を見えないように混乱させる現象が「False Light（偽光現象）」。この現象は、自分自身と本来の目覚めの間に存在する大きな壁となって私たちの前に立ちはだかります。ニューエイジの世界では、神や宇宙に関して誤った解釈や教えがもともと多かったのですが、その幻を突き破っていくことこそ、私たちに課された大きな課題と言えるでしょう。

コア恐怖心

コア恐怖心とは、すべての人類に共通する集団トラウマや遺伝子レベルからくる不安のことです。まさに恐怖心のコア（核）となるものを意味しています。そして、コア恐怖心はマイナスエネルギーの中でも一番強いものです。私たちが抱える様々な問題の根本的原因であるため、コア恐怖心を解放（リリース）することこそが、最も真剣に取り組むべきことであると言えるでしょう。

シュシュンマ

一般的にチャクラの認知度は高いですが、チャクラを載せているエネルギーボディの中心であるシュシュンマのほうがフォーカスすべきものです。自分の中心軸と新たな宇宙レベルのバランスを保つため、天と地をつなげるチャンネルでもあるシュシュンマのあるセンターチャンネルを再構築することが重要になります。それを行うとチャクラや他のエネルギーシステムがととのっていきます。

タイムライン争い：NAA VS GUARDIAN MISSION

ＮＡＡとは「Negative Alien Agenda」の略。いまの地球のドラマのなかでは、人類が真価を発揮することに抵抗する勢力が存在しています。それがＮＡＡと呼ばれています。ＮＡＡがこの地球にかけたコントロールを、様々な友好的な宇宙グループ（GUARDIAN MISSION）が解除しているのです。長い間に渡って、見えないところで私たちの未来に関わるタイムライン争いが現在もなお継続しています。

ガイア・ソフィア（新生地球）

地球と人類は根本的に深く連動しています。すべての惑星に暮らす生命体が、惑星の波動レベルで深い影響を受けているのです。アセンション後の地球は、まるで生まれ変わったような状態になっていることから「ガイア・ソフィア（新生地球）」と呼ばれています。私たちはガイア・ソフィアで暮らすことができる存在になる必要があるのです。そのためにこの本のエクササイズが存在しています。

ライトボディ（Liquid Soul）

すべての存在には目に見えないボディがあります。それは、宇宙エネルギーでできていて、光輝く「ライトボディ」と言われています。肉体の次元から光の次元へとシフトするためには、ライトボディが自分の乗り物（自分の宇宙船）になるのです。再構築やヒーリングによって、このライトボディが正常なものとして育っていきます。日々の生活のなかでライトボディの体調管理も意識しましょう。

非オーガニック意識

すべての生命体が従う自由意識の次元では、宇宙の法則に反するものが存在することも許されています。どのようなものが進化につながるか、どのような発想がディセンションに進んでしまうのかを判断する責任があるのです。アセンションはそもそも究極の自由を取り戻すことですが、高次元宇宙に沿っていない、不自然な発想や進化に逆走するプログラムである「非オーガニック意識」が存在しています。私たちは長きに渡ってこれにミスリードされてきました。非オーガニック意識は、現在ではＡＩや監視社会として現れています。本書のエクササイズで非オーガニック意識の罠を避けることができます。

ルーシュ

ルーシュとは、皆さんのライトボディとオーラ層に存在する生命エネルギーそのものであり、この次元において想像力を働かせたり力を発揮したりするための原動力そのものです。しかし、疲れの度合いや時期によって、ルーシュのエネルギーが増幅したり不足したりすることがあります。皆さんは、自らのルーシュが漏れ出さないように守ることを心がけてください。ルーシュのエネルギーは、まさに通貨のような役割も果たします。物々交換ではなく、エネルギー交換の際にルーシュが実際に交換されるのです。ルーシュは私たちが持つ生命エネルギーの「気」そのものであることを理解してください。

バイオ・リジェネシス

バイオ・リジェネシスとはアセンションそのもののことであり、人類が高次元存在になるプロセスそのものです。私たちは、人類が本来作られているテンプレートに沿って再構築されるプロセスの最中にいます。魂の深い傷やアカシックレコードのダメージを癒し、聖なるエネルギー構造を復活する流れにいるのです。高次元から私たちに尽くしてくれるスターファミリーが、このプロセスを管理しています。

エーテル手術

スターファミリーの手を使って行う手術であり、地球人にとっては究極のETコンタクトの一つです。これを実施すると、すべてのスピリチュアルを超え、今までの世界では実現不可能なエネルギー治療や高次元のヒーリングを体験できます。この地球に存在する多くの病気は、エネルギー的問題が背後にあります。エーテル手術は、それに対して見えないレベルの修正を行います。

プラチナレイ

宇宙エネルギーはさまざまな色によって分けられ、それらは「レイ」と呼ばれています。その色のなかでも「プラチナレイ」は非常に高い次元のものです。高い次元のものを私たちの次元に下ろす働きをしています。電子回路に使用される〝ハンダ付け〟と同じような働きをしていて、情報の伝達や架け橋のような役割です。プラチナレイは、次元を超えた情報伝達や流れを司るエネルギースペクトルです。

ヒエロス・ガモス

ヒエロス・ガモスとは「聖なる結婚」を意味するギリシア語由来の言葉で、神婚、聖婚、聖体婚姻とも呼ばれています。聖婚とは、神話などにみられる男女二神の交合や神と人の婚姻のモチーフのことです。聖婚の一例として、創世神話において世界の創造をもたらした天の神と地母神の交わり、豊穣をもたらす男神と女神の結婚などが挙げられます。

アセンションの中心テーマに「ワンネス」があります。この地球は人間の世界であり、私たちが向かうべき先は真のワンネスなのです。そこへと誘導するさまざまなワークが「ヒエロス・ガモス」としてまとめられています。すべての二元的世界を融合させ、超越するための聖なる秘儀として最後はペア（二人）となって進められます。ヒエロス・ガモスはライトボディ・アクリションやバイオ・リジェネシスとセットとなるものです。

Hologram Mind Maxim

アセンションが急激に進行し、
あなたがこれまで知っていた世界が
崩れかかっている現在、
エクササイズを実践することで
高次元からサポートが得られます。

Chapter2

自分の力で簡単にできる!

フルボディ覚醒 3ステージプログラム

基本のエクササイズ

ピンクレイ
～いつでも高次元の愛にアクセスできるワーク～

PINK RAY

最初に“基本のエクササイズ”として紹介するのが「ピンクレイ」と呼ばれるワークです。身体の周囲に十二次元シールドを張ると、宇宙のつながりが強くなっていきます。そして、自分自身の内なるパワーを最大限に引き出すことができるのです。

ピンクレイのエクササイズで得られる効果　高次元の愛にアクセスできるようになる

基本のエクササイズとして「ピンクレイ」をご紹介します。

ピンクレイのエクササイズを実践すると、サブタイトルにもあるように、いつでも「高次元の愛」にアクセスできるようになります。それだけではなく、異星人から身体の中に何らかの装置を埋め込まれる「インプラント」を無害化したり、インプラントが発する信号を消したりすることができるのです。

さらに、このピンクレイのワークを実践すると、アストラル界についているインプラントも除去しやすくなります。

インプラントはスマホのチップや電子機器を媒介として埋め込まれることが多いので、それをニュートラルにリセットするためには必要なエクササイズです。

ピンクレイのエクササイズ

ピンクレイとは、天上から降り注ぐ母性のエネルギー。
ピンク色の光線であるピンクレイを呼び寄せ、自らのシールドに入りこませ、上から下に流し込んで浄化させていきます。

すべてのオーラ層に付着しているもの、差し込まれているもの、設置されているもの、オーガニックなものではないテクノロジーを無害化し、取り外し、溶け込ませてすみやかに下へ流し出してください。

（息を大きく吸い込み、そして吐いてください）

そして、扉を開いてピンク色の赦しと慈悲の周波数をおろします。

ピンク色の周波数が起こすウェーブは、上から下へとおりていく過程で、すべての存在するはずのないものすら赦します。

自分にとって必要ではないものを少しずつ地球が吸収していき、無害化し、除去していきます。

（天に向けて大きく手を広げてください。ピンクレイの受け皿となります。）

宇宙からの愛のパワーを感じながら、体がその愛に包まれてぽかぽかと温かくなっていくことをイメージします。そうするうちに、心が晴れるような幸せの波動がやってきます。

（適宜、深呼吸をしながらピンクレイのエネルギーを受け止めてください）

ピンクレイの愛のパワーを借りて、最終的にはアルコンの存在すら赦さないといけません。たとえアルコンに強制されてしまったとしても、被害者のままでいるということは一番避けなくてはいけないのです。

フルボディ覚醒

3ステージ
プログラム

Stage 1

2つのエクササイズで
「フルボディ覚醒」
のための準備を行う

どんなことであっても
心構えが鍵を握ります

私が提唱しているエクササイズは、あなたを「フルボディ覚醒」へと導いてくれますが、そのためにはあなたの心身を「能力を最大限に発揮できる状態」にしておくことが大切です。そのためには、最初のステージは「ダイヤモンドライトボディの体現」「ユニティコード宣言」というエクササイズを行っていただくことで、あなたのライトボディをととのえ、宇宙ファミリーとのつながりを確認していくことで、フルボディ覚醒をするイメージもしっかりと思い描いてもらいます。さあ、今こそエクササイズの扉を開いてください！

Stage1のエクササイズで得られる効果

- ☑宇宙の愛につながることで、インセンションの全ての目的を味わいます
- ☑オーラ層のズレが治り、体の中のフィット感がよくなります
- ☑日々使えるエネルギーの量が増幅します
- ☑自信や不足していた勇気が獲得できます
- ☑侵入してくるエネルギーや自身の不正なエネルギー漏れが止まり、守られている感覚になります

エクササイズ 1

ダイヤモンド
ライトボディの体現

LIGHT BODY EMBODIMENT

最初に実践していただくエクササイズは、誰もが宇宙次元に持っている「ダイヤモンドライトボディ」を育むもの。フルボディ覚醒に必要なエネルギーを受け取るためにも、このエクササイズを最初に行うことが重要になります。（以下、ダイヤモンドボディと略します）

ダイヤモンドボディを意識してあなた自身をアップグレード

最初に紹介するエクササイズは「ダイヤモンドボディの体現」になります。スタートから高度な内容ですが、ご自分の宇宙の財産、つまり「既にアセンションを終えた未来を体験している高次元の自分」にアクセスしていくためのとても重要なものです。まずエクササイズ名にある「体現」とは、〝思想や抽象的特質などが具体的な形をとって現れたもの〟のこと。他にも具現化や具象化といった言葉でも表現できるでしょう。ですので、本来は目には見えないものである、宇宙エネルギーでできているライトボディを具現化することが目的となります。

通常ライトボディとはオーラ層の自分のことを言いますが、宇宙次元には、現状の傷ついたライトボディとは異なる、完成したパーフェクトな自分自身のダイヤモンドボディが存在しています。

ダイヤモンドボディを自分の宇宙船にすることができれば、肉体の次元から光の次元へシフトしていくことができます。なによりもこのエクササイズは「フルボディ覚醒」に必要なエネルギーを受け取る架け橋となり、精神面・肉体面・エネルギー面をアップグレードすることにつながります。具体的には、肉体の各臓器や脳の指示のテンプレートの情報を書き換えアップグレードします。こうして新たに生まれ変わったあなた自身と出会うことになるでしょう。これもまたアセンションのプロセスの一つであり、宇宙的なポテンシャルを開花するために必要なものです。

「ライトボディ体現」のワークをわかりやすく説明すると、パソコンの基本ソフトウェアであるＯＳのアップグレードのようなものです。これによってライトボディを含めたあなたの全身をアップグレードしていきます。

みなさんは「宇宙の財産」です。だからこそ、スターシードたちが他の星で培った経験を活かしたり、高次元レベルの財産や前世のギフトを受け取ることができます。

残念なことに、宇宙の世界に出会わずに一生を終えてしまう方がほとんどです。本来であれば、自分が活用することができたものを受け取らないままになってしまっています。ぜひ、それらを今世で受け取って活用していきましょう。

ライトボディ体現は、自分の最新バージョンのテンプレートを更新したものを受け取るエクササイズです。定期的に連続して実践してください。

エクササイズ

1

LIGHT
BODY
EMBODIMENT

ライトボディのアップグレードから
エクササイズをはじめる理由
高次元存在からのギフトを受け取ろう

３つのステージで行うエクササイズワークのなかでも、最初にライトボディに関する内容を実践していただくのは、非常に重要な意味合いを持っています。ワークによってライトボディを意識することは、私たちが持つ生命エネルギーである「ルーシュ」のプロテクトにもつながっていくからです。

キーワードでも紹介した「ルーシュ」は、人間のライトボディとオーラ層に存在し、この次元における原動力そのものです。このルーシュは、あなた自身にネガティブなエネルギーが発生してしまうと、この世界にいるネガティブ存在からディープ憑依されてしまうこともあるので、最初にライトボディのワークを行うことはその回避にもなります。

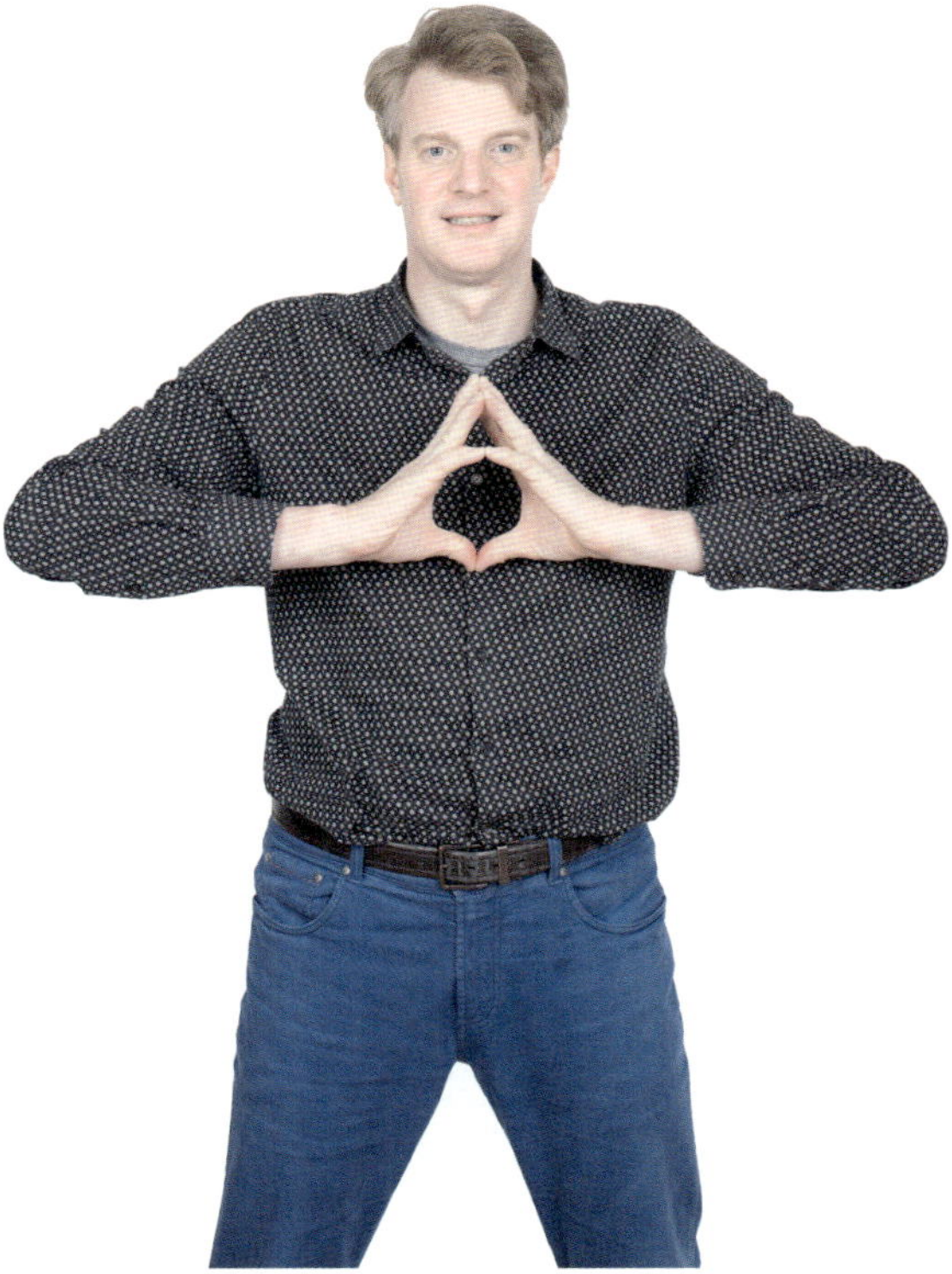

STEP1

両手でダイヤモンドポーズを取る

いまから「フルボディ覚醒」へと至る旅に出発しましょう！まずは旅立ちの準備のためのポーズです。両手を心臓の前で合わせます。このとき両手の指先をすべて合わせ、親指を下に向けると菱形（ダイヤモンド）ができます。ここで自分と地球と宇宙を意識し、始まりの挨拶とします。目は開けていても閉じてもどちらでもOK。

STEP2

ダイヤモンドボディを受け取るポーズ

次に、両手を天に向けて大きく広げてください。このポーズが宇宙次元にあるダイヤモンドボディを受け取るための器になります。これによって頭上３メートルほどにダイヤモンドボデイが現れます。

STEP3

ダイヤモンドボディを自分に重ね合わせる

宇宙次元から受け取ったダイアモンドボディを、大切に扱いながらボディスーツのように頭からスッポリと被ります。自身の肉体と隙間なくぴったり重なるような感覚で行ってください。これは買ったばかりの新しい洋服を着るようなものなので、十分に時間をかけてフィットしてくるのを待ちましょう。

STEP4

宇宙次元にサインをおくって終了

受け取ったダイヤモンドボディが体に定着するのを感じたら、両足を揃え、両手を上げ頭の上で指先を合わせます。全身で縦長のダイヤモンを作るイメージです。このとき人差し指・中指・薬指だけを合わせます。宇宙次元から受け取ったエネルギーが抜け出てしまわないように、水道の蛇口をひねって止めるイメージをしましょう。この最後のステップは、一連の流れを終わらせ、宇宙次元に対する完了のサインにもなります。

エクササイズ 2

ユニティコード宣言

UNITY CODE DECLARATION

誰でも簡単に使うことができる「高次元アファメーション」の言霊エクササイズの代表的な存在であり、唱えるだけで幾つもの効果を発揮する宣言が「ユニティコード」です。

エネルギーワークを積み重ねて辿り着く「最も効果が早いものはシンプルである」

「ＵＮＩＴＹ　ユニティ」とは〝融合・宇宙的なワンネス〟を意味し、「ＣＯＤＥ　コード」は〝言霊的な簡潔な暗号〟のこと。つまり、簡潔なキーワードを唱えるだけで宇宙的なワンネスを実現する魔法のエクササイズです。

私は、エネルギーワークや宇宙コンタクトの経験を長年に渡って積み重ねてきました。その中で、「最も効果が早いものはとてもシンプルである」という真理に辿り着いたのです。同時に、私たちの「意図を口にだす力」こそが非常にパワフルであることにも気づきました。

自分の言葉に自信を持つこと。
自分自身を信じること。
そして、自分の言葉の力を信じること。

そうすることで、宇宙ファミリーがあなたに対してシンクロしやすくなり、通常以上の素晴らしいレベルのサポートを受けることができるようになります。
宇宙ファミリーが行うサポートは、「ヒーリング」「クリアリング」「ガイダンス」「アセンション」に分類されますが、など様々なものがありますが、そのすべての効果がアップすると思ってください。

今回紹介するエクササイズ「ユニティコード」は、3つに分かれた極めてシンプルなフレーズを唱えるだけで完了するものです。

シンプルすぎるくらいですが、「ユニティコード」は多目的な宣言で、まずこれを唱えることで、「自分がいる場所・空間のクリアリング」ができます。

そして「自分のエネルギー状態のリセット」となり、自分自身が整ってきます。

さらに「あなたの宇宙ファミリーに対して呼びかけるコール」にもなるのです。

シンプルで簡単なワードですが、このように自分という存在を自律させるための言葉にもなるのです。

エクササイズ
2
UNITY CODE

言霊のチカラで行うワーク「最も効果が早いものはとてもシンプル」を実現する3つのフレーズ

118ページで紹介している「RRO宣言」にも登場するほど、「ユニティコード」は重要なものです。どのフレーズもとてもシンプルな言葉です。最初は「たったこれだけでいいの？」と思われるかもしれません。しかし、シンプルゆえにワンフレーズの中に強力なパワーが込められているのです。まさに発せられた言葉の通りの状態を実現する言霊のパワーを感じることでしょう。一度聞けば覚えてしまうくらい簡単なフレーズなので、習慣にしやすいところが大きなメリットです。

DECLARATION1

「私は宇宙　I Am God」

本来は「私は宇宙そのもの」ですが、それを省略して「私は宇宙」と唱えます。朝昼晩問わず、体力的に自分が弱ったときやメンタル面で迷ったときにこの宣言を繰り替えし、コードを唱えることを習慣化しましょう。てください。このエクササイズは、他のスピリチュアルやヨガなどボディワークの最後に宣言をすることで、花火大会のフィナーレのようにワークやエクササイズの効果を活性化し、新しいエネルギーが定着しやすくする働きがあります。

DECLARATION2

「私は自分の主体者　I Am Soverign」

現在は、社会や家族、他人に対して自分の力を自ら明け渡してしまう場面が多くなっている状況が続いています。しかしこれはとても不健全なことです。「自分の主体性を取り戻す」ということが急務であり、人類が宇宙的な社会を創造していくために強く求められています。「私は誰かの所有物ではない」「私の主体者はわたし自身である」と高らかに宣言しましょう。あなたの足を引っ張ってくる目に見えないマイナスのエネルギーも自動的に排除されます。“外からの意図的なコントロールは私に対して効果はない”ということを宣言するのです。

DECLARATION3

「私は自由です　I Am Free」

過去から続く多面的なコントロールを超越し、自分のアセンション先（次元の行き先）での新たな可能性を宣言します。これまで人間が経験したことのない心の宇宙次元の自由を地球で体験していくための宣言です。一人一人の内面アセンション（インセンション）が進むと、信じがたい異次元の自由を得ることになります。そして私たちがこの自由を手にすることは、地球と全人類の発展への貢献にもなります。

フルボディ覚醒コラム 1

エネルギーキャパとカロリー

LIGHT BODY CAPACITY & CALORIES

インセンションの最も重要なエッセンスは「解放して新しいものに入れ替える」です。つまり、長期間に渡って色々なエクサイズを行う総合的な目的は、エネルギーを受け取るための「器づくりをする」ということです。溜まっていた古いエネルギーが原因でスペースが狭くなっていたところに、エクササイズの効果でクリアリングが起きると、徐々に隙間が生まれ、やがてスッキリとした空間になります。不要なものが手放されクリアになり、新しいものを活性化していくという意味では「本来の器に戻る」とも「新たなスペースができる」とも言えますね。

また、私たちのエネルギーフィールドは、まるで「エネルギーの変電器（変圧器）」のように、普段は地球にない天のエネルギーと地をつなげる役割を果たしています。さらに、宇宙からもたらされる情報の量はとてつもなく膨大で、スムーズに受け取るには「場所の状態」も関係してきます。例えば、「バイオリジジェネシス」の個人セッションを大きなドームハウスで行ったときは、スムーズに大量のエネルギーが入ってきました。一方、狭い部屋で個人セッションを行った時は、降ろされるエネルギーに対してスペースが小さすぎるあまり、リバウンドして私の負担になってしまうこともあります。このように空間のキャパシティも受け取る要素になるのです。

また、テーブルを使いリーディング＆ヒーリングを行う「ETトランスコム・テー

エネルギーワークで重要な「器づくり」自分のキャパシティを取り戻すことが大切

ブルワーク」でも、私が宇宙次元と直接つながった瞬間に「これはすごい！」と思わず唸ってしまうほどエネルギーの重さを感じることがあります。悪い意味ではなく、自分という器のキャパシティが狭いことが原因で、すぐにいっぱいいっぱいの状態になったからです。私は真の宇宙存在との交流とスターシードのサポートに深くコミットをしているため、「器を作り」のプロセスを毎日コツコツと取り組むことができてます。そして多くの人たちに役立つよう、高次元への窓口として活動しています。

ところで、ライトボディがエネルギーを受け取るキャパシティは、私たちが活用できるカロリーの量とセットになっています。キャパシティが広がっていけば、活用できるカロリーの量も増えていく、という関係です。ここで言うカロリーとは、人体や脳が活用している資源・燃料のことではありますが、食事によって得られるものではなく、霊的な生命エネルギーのことです。これが意識や創造力の原料です。宇宙ファミリーや惑星直列からダウンロードされる高次元の内容は、あなたという「器」のキャパシティに合わせて、質も量もアップグレードしていきます。

そして最後のステップは、器を広げ、受け取れるエネルギーが大きくなった分も自分のエネルギーフィールドできちんと循環させることです。本書のエクササイズを実践し、劣化しシャットダウンしているエネルギーシステムを再構築することで、エネルギーの循環が復活します。

フルボディ覚醒

3ステージ
プログラム

Stage 2

エネルギー体との調和で
インセンションの深みを
すみやかに体感する

日常に根差したエクササイズで 覚醒のベースづくりを行う

地球という惑星だけでなく、宇宙次元での高次元化というアップグレードがなされている現在。それは、想像できなかったような進歩が期待できる「特別な時期」に入っているということでもあります。今のタイミングでしっかりとエクササイズを行い、自分のルーティンにすることで、通常よりも早くアップグレードが完了します。ステージ２で行っていただくエクササイズは３つありますが、いずれも日常の生活に根差したものばかりですので、これらをしっかりと行うことでフルボディ覚醒のためのベースができあがります。

Stage2 のエクササイズで得られる効果

- ☑見えない体の存在を意識し出します
- ☑全身のエネルギー循環が正常に戻り、全ての人生の側面にいい影響が出やすくなります
- ☑自他のバランスが取れるようになります
- ☑様々な使用する空間や磁場のバランスが整えられます
- ☑メンタル面においては、迷いが全体的に減少します

エクササイズ 3

ゼロチャクラ開花

ZERO CHAKURA BLOOM UNLOCK

足元の 20cm 下に位置する「ゼロチャクラ」。ここはあまり認識されていませんが、別名「アーススター」と呼ばれるとても重要なエネルギーセンターです。

すべての原点であるゼロチャクラエネルギーを受け取り解放させる

「ゼロチャクラ」とはエネルギーフィールドをととのえるものであり、あなたの足の下、つまり地面の中に位置しています。

この次に実践していただくエクササイズワークの「シュシュンマ」では、人間の身体のセンターラインにあるエネルギー経路（ここには7つの大チャクラが位置しています）をケアしていただきますが、体外チャクラである「ゼロチャクラ」はシュシュンマのベースになります。人間のエネルギーの正確な流れを司り、下から上へとシュシュンマに並ぶチャクラのエネルギーチャージをしていく一番低い場所に位置します。そして、ゼロチャクラはこれまで隠されてきたチャクラなのです。1の前である「ゼロ」は、すべての原点・根源となる重要なものですので、隠されてきた理由もわかっていただけるでしょう。

根本的なエネルギーの入り口である「ゼロチャクラ」が、私たちが立っている地面の20㎝下くらいの位置に存在しています。「12次元シールド」のワークでは〝六芒星を足の下20㎝のところで止めましょう〟というフレーズが登場しますが、これがまさにゼロチャクラのことです。本書では六芒星ではなくプラチナに光る火花を使います。ゼロチャクラはこのオーラ層へのエネルギーの出入口でもあります。自分にとって必要のないものをグラウンディングによってゼロチャクラからリリースすることできます。さらにリリースだけでなく、地球から良質な磁場のエネルギーや氣を受け取り活用するためには、ゼロチャクラの入り口を使って下から体の内側へと上げていき、オーラ層全体にまで到達させる必要があります。

肉体と魂をつなげている「シルバーコード」のことは皆さんも聞いたことがあると思いますが、それと同じように、地球という存在と私たちの身体は第1のチャクラであるルートチャクラでつながっています。しかし、下半身にある第1から3までのチャクラは、解放が必要な部分なのに進行しにくいという難点があります。

ルートチャクラに対する過度な負担を軽減させるために、グラウンディングコードをゼロチャクラに移動することもできます。そうすることで、ルートチャクラが消化できるエネルギー量や、解放までのスピードをアップすることができます。

エクササイズ
3
ZERO
CHAKURA
BLOOM

すべての原点であるゼロを開花させるゼロチャクラを意識していくことでオーラ層への理解が深まっていく

私たち人間がこの地球で暮らすということは、空よりも大地とつながる方がエネルギーが受けとりやすいことは、皆さんもイメージしていただけると思います。私たちに羽が生えていれば空とも容易につながることはできるのですが、残念ながらそうではありません。最近は大地を裸足で歩く「グラウンディング」を取り入れている人も多いと思いますが、まさにゼロチャクラはこの「グラウンド」の出発点となります。「ゼロチャクラ」のエクササイズは、足の下２０ｃｍのゼロチャクラからエネルギーを受け取り、宇宙へ向けて放出するプロセスで行われます。

STEP1

ゼロチャクラを意識する

まずはじめに自分の足元 20cm 下にある「ゼロチャクラ」の存在を強く意識します。位置は、地面の上に立なら土の中、室内であれば床の下（下の階の天井あたり）になります。そのまま意識を集中するとエネルギーが集まり活性化してきます。これがゼロチャクラを開く準備になります。

STEP2

サードアイに全集中

次に眉間の位置にある「第三の目 サードアイ」に自分の意識を全集中させます。この時、顔や体の力は抜いておきましょう。プラチナの火花が現れるのをイメージします。そして、その火花を頭の中心から下げていきます。背骨からゼロチャクラを通って地球の中心へと降ろしていきましょう。

STEP3

地球にコネクトする

しゃがみこんで床を触り、地球と一体化するのを感じてみましょう。外に出て直接地面に触れるとさらに効果がアップします。床や大地に触れながら STEP2 で地球の中心に降ろした火花を意識すると、地球の地下深くにある光のネットワークと繋がることができます。ここから地球の中心にある火花とゼロチャクラを繋ぐ経路をイメージで開きます。すると、地球の生命エネルギーが火花とともに上昇しゼロチャクラの中を充電していきます。エネルギーが溢れてくるまで待ちましょう。

STEP4

体の下半分を満たす

STEP 3で満ち溢れたゼロチャクラをイメージで反時計回りに回転させます。するとバルブのようにポータルが開き地球の生命エネルギーが上昇してきます。これをゼロチャクラから両足の間を通して体内に取り入れ、腰から下全体を満たしていきましょう。

STEP5

上半身を満たし放出する

腰から下全体が満たされたら、そのままエネルギーを引き上げ上半身を満たします。そして体全体のフルチャージを感じるまで待ち、最後に肩や頭などから宇宙に向けて、エネルギーを勢いよく放出しましょう。

☆上級ステップ
最後に負荷のかかりやすいルートチャクラを軽くするために、イメージで尾骨にあるグラウディングコードを足の下20cm にあるゼロチャクラへと移動してください。これでエクササイズは完了です。

エクササイズ 4

シュシュンマ開通

SHUSHUNMA EXPANSION

人体において、クラウンチャクラからルートチャクラまでの主なエネルギー経路を「シュシュンマ」と呼びます。これは、シュシュンマをケアすることで正常なエネルギー循環を導くエクササイズです。

自分の身体の幹「シュシュンマ」について

「シュシュンマ」とは、人間の身体のセンターラインにあるエネルギー経路のことです。体を縦に貫く柱であり、このシュシュンマという柱が支えとなって7つの大チャクラが配置されています。頭の頂上にあるクラウンチャクラから尾骨のルートチャクラまでの主要なエネルギー経路になっています。

これまでのスピリチュアルにおいて、「チャクラ」は知らない人がいないほど認知されていますが、その支えとなってるシュシュンマについては知られていません。このエクササイズをすることでチャクラとシシュンマの深い理解と体験ができるようになるでしょう。

頭上のチャクラは上向（空へ）、尾骨のルートチャクラは下向き（大地へ）に向いており、それ以外のチャクラは水平になっています。シュシュンマという大木に7つの大チャクラが枝のように突き出てついているようなイメージです。

チャクラ1つ1つのバランスを整えることに時間を費やすまえにするべきことは、シュシュンマ全体のエネルギー循環を正常に機能するよう調整することです。今回はそのためのエクササイズになります。

私たちJCETIが長年主催してきた「CE-5コンタクト」（高次元宇宙存在との物理的または意識レベルの“遭遇”を可能にする活動）においても、「宇宙ファミリー」がワーク中に多くのサポートをしてくれます。具体的には、あなたが地球で行うべきミッションを果たすために必要な周波数調整やシュシュンマを含むライトボディの修復などがあります。

私もあるとき、上からエルギーの光の棒が体を貫いた経験があります。宇宙ファミリーから放たれたエネルギーのポールが、まず頭頂部から入ってきました。そしてルートチャクラ（性器と肛門の間の位置）から出ていき、さらに体全身を整えるエネルギーがを何度も入ってきました。これは大変気持ちが良い体験でした。このような調整により猫背が改善されたり、姿勢がよくなったりする方は私の他にもたくさんいます。

シュシュンマは、今回のテーマである「フルボディ覚醒」における、とても重要なピースです。このエクササイズでは、体内に存在する7つの大チャクラだけでなく、さらに宇宙的なエネルギーポイントである、足もと20㎝のところのある「ゼロチャクラ」が鍵を握っています。シュシュンマはそのゼロチャクラのところまでつながっています。

エクササイズ 4

SHUSHUNMA

あなたが作り上げたプラチナの火花がゼロチャクラから順に体内を駆けあがるその際に各チャクラを癒し修復していく

シュシュンマのエクササイズはJCETIで主催するセッションやワークショップの中でもよく行っています。12次元シールドのエクササイズをされてる方は馴染みがあると思います。地球内部の高次元エネルギーに満ちたプラチナ火花が体内に入り、シュシュンマを上りながら各チャクラを調整し癒していきます。第1チャクラではサバイバルや恐怖など動物的な反応を癒して、新しいプロセスとして解放してくれます。第2チャクラでは丹田の充電や性的エネルギーのバランスを整え、インナーチャイルドを癒してくれます。第3チャクラでは被害者意識などのネガティブエゴを無害化します。このように全てのチャクラを整えていきます。

自分の集中力で
スパークを明確にイメージする

STEP1

プラチナ火花を想像する

エクササイズ3と同様、自分のエネルギーの代理としてのプラチナ火花を頭の中にイメージで作ります。色がプラチナであれば光でもボールでもイメージは自由です。今回はイメージの力で、より強いパワーをしっかり込めることを目指しましょう！

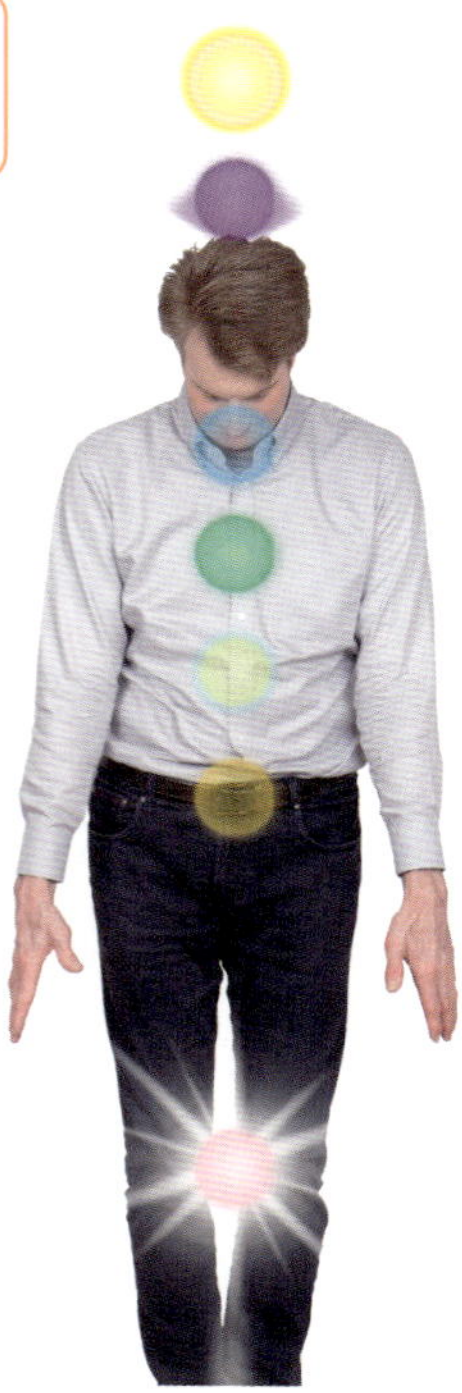

STEP2

「内部アセンション グリッド」につながる

火花を体の中心ラインのシュシュンマを通して、足の間から吐く息とともに地球の中心へと送ります。そこで宇宙から送られ地球の内部で保管されている巨大な高次元エネルギーを溢れるまでチャージします。これで「内部アセンショングリッド」につながります。それから地球と全人類に愛と感謝の気持ちを送りましょう。

火花のスパークのサイズは、
ゴルフボール→野球ボール→バランスボール
のように大きくしていきます

STEP3

エネルギーボールを 足元に戻します

大きく拡大したエネルギーボールを地球の深い所からシルバーのグランディングコードを伸ばしながら体の方へ引き上げるイメージをします。そして足の下 20cm にあるゼロチャクラに融合しましょう。

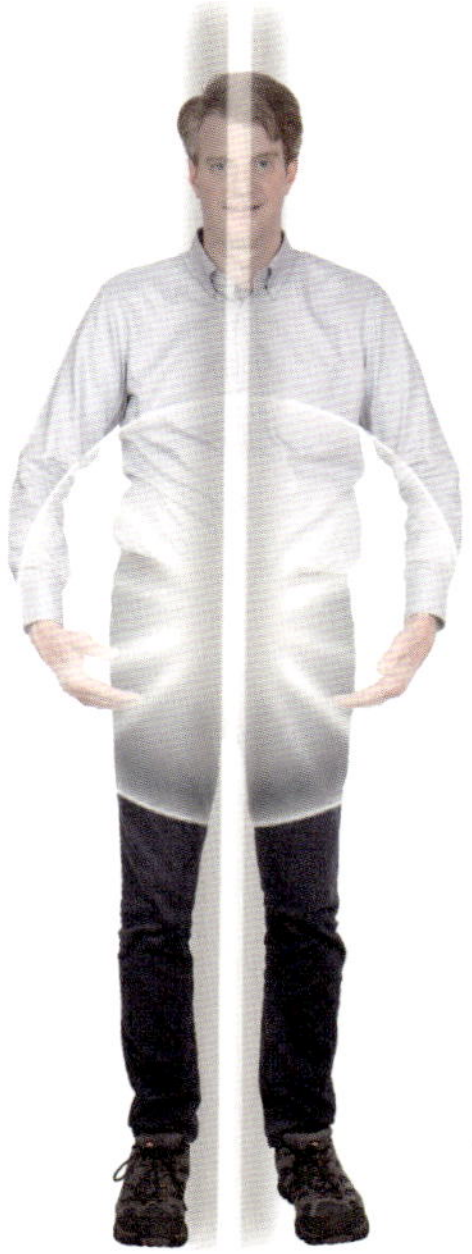

STEP4

シュシュンマのチューニング

ゼロチャクラで回転しているプラチナ火花を両足の間のルートチャクラから体に入れていきます。体の中心であるシュシュンマを登りながら、地球内部から受け取った高度なアセンションエネルギーで各チャクラを癒し、調整および活性化します。

STEP5

エネルギーボールを宇宙へ戻す

最後に頭頂部から、拡大した火花のエネルギーボール勢いよく解放します。自分のエネルギーボールを宇宙の根源に戻すことをイメージしてください。

エクササイズ 5

体内ゼロポイント

INNER ZERO POINT

見えないライトボディの隠された機能を自分で開花し、高次元のエネルギーを体内の深いところまで通りやすくするエクササイズです。体内ゼロポイントを意識して日常生活をおくるようにしましょう。

「内なる体内ゼロポイント」は〝みぞおち〟にある

〝自分の中の宇宙意識に目覚める〟という「インセンション」の基本は、高次元エネルギーが循環するライトボディを作っていくことです。自分のライトボディの機能を向上できるようになると、高次元のエネルギーが肉体の深いところまで通りやすくなり、自分の周波数も自然に上がっていきます。

それをサポートするエクササイズが、「体内ゼロポイント」です。

このエクササイズは、身体の内側にあるゼロポイントを意識することに重点を置いたものですが、人体のどの部分にあるかと言うと呼吸を司る横隔膜がある「みぞおち」です。

みぞおちは、ちょうど上半身と下半身を区分するラインに近く、高次元エネルギーの循環を行うトーラス状の電磁気生命フィールドを構成する縦軸と横軸が交差する起点にもなっています。正常に循環しなくなると、物理的な身体にとても大きな負担になります。

「体内ゼロポイント」を意識して体内グラウンディング

さらに、私たちは日常生活をおくるなかで生じる様々なストレスに加えて、天候などの惑星規模のアセンションの揺さぶりが負担となり、肉体的にも精神的にもバランスを崩してしまいがちです。

そこで、影響しているアンバランスなエネルギーをニュートラルにし、内面に生じる不要な影響を解消するために、この体内ゼロポイントであるみぞおちを意識しましょう。みぞおちにあるゼロポイントにフォーカスすることで、自分の内側にある平安なオアシスの空間に触れていくことができるのです。

みぞおちは重要な中心点

最初に「ゼロポイントは上半身と下半身を区分するラインにも近い」とお伝えしましたが、下半身は〝人間の動物的側面〟が集約されています。性的エネルギーはもちろん、サバイバル反応やエゴなどがそれにあたります。次にその動物としての役割を担う下半身から、上半身に移るとスピリチュアルセンターであるハートの知性、またハイアーセルフの位置でもあるため天と繋がるクラウンチャクラなど、魂レベルの情報が存在しています。

宇宙意識やスターシードとの交流は、主に上半身で対応しています。『ホログラムマインドⅠ』でも紹介したように、多くの人は第3チャクラと第4チャクラの間に体を切断する壁が存在しています。だからこそ、上半身と下半身の間にあるゼロポイントを意識して、上下のエネルギーを融合し全身のバランスを整えていくことが大切です。それにより存在するエネルギーの壁を溶かしていくことができるのです。

「体内ゼロポイント」で動的瞑想を実践

現在、「マインドフルネス」も定着し、日常的に瞑想を行う人が昔に比べてとても増えました。瞑想は、それを行うための場所へ座り、目を閉じ、意識を集中しながら行うのが一般的ですが、ゼロポイントを意識できるようになれば、目を覚ました状態で動きながら行う「動的瞑想」として機能します。

体内ゼロポイントの働きは、外部からのストレスあるいはエネルギーレベルでの偏りや不均衡を中和して、偏りのない宇宙次元の深い中立性をもたらすことです。自分の外の世界で癒しを求めるのではなく、自分がすでに持っている癒しの力にアクセスすることができるようになるでしょう。

みぞおちは、英語ではStill Pointという呼び方があり、興奮してる状態から、精神的またはエネルギー的に落ち着かせる「休憩できる場所」という意味があります。日本語で言うなればまさに「自分に帰る場所」なのです。

そして、ゼロポイントは、コラム2の「セルフ・チェックイン」の場所でもあるので憶えておいてください。「私は今どんな状況にいるのか」「私は今、環境や他人に影響され、変に振り回されていないか」などを確認する場所でもあるのです。さらに、エネルギーを自分から発して、他人と共有することができる「ハートチャクラ」とも関連があり、体内ゼロポイントを十分に意識できるようになると、ハートチャクラが開花しやすくなります。

それでは、次ページではゼロポイントを意識していくために実施するエクササイズについて解説していきます。

エクササイズ

5

INNER ZERO POINT

肉体の歪みをカイロプラクティックや整体でととのえるように、エネルギーボディも定期的な修復と微調整が必要

皆さんは、身体が歪んだと感じた場合は、カイロプラクティックや整体に行って施術をしてもらいますよね？　それと同様に、エネルギーボディにも不具合が生じてしまうので修正をする必要があるのです。その不具合とは、日常生活の中で生じたストレスや、第三者からの攻撃や、悪い場所を訪れてその磁場から受ける影響など、様々です。そのため、ゼロポイントを意識して活性化させることで、エネルギーボディの縦軸や横軸のズレなどを正常な状態に戻すなど定期的なお手入れが必要不可欠なのです。

STEP1

肩幅くらいに足を開いて立ち、自分自身を浄化させるためにまずは深呼吸を５回ほど行いましょう。

STEP2

そのまま視線を下に移し、自分のみぞおちを見つめながら自分の体内に宇宙空間に繋がるスターゲートを開くイメージをいきます。

STEP3

次に両手の中指を自分のみぞおちに置きます。中指を使用するとエネルギー伝達が向上します。目を閉じてみぞおちの宇宙空間に自分の呼吸を届けるような気持ちで、ゆっくりと深呼吸をしましょう。

STEP4

呼吸をしながら、トーラス状に縦軸が循環していることを意識します。息を吐くにつれてトーラスのエネルギー循環が活性化し、強くなっていくことをイメージしましょう。

STEP5

最後に、横軸のエネルギー循環をイメージします。みぞおちに置いていた両手の中指を、背中に向かって円を描くように移動します。このポーズをとることで上下左右の全身のバランスが完成します。

オプション

このエクササイズに慣れてきた人は、最後に「ライトボディ宣言」で締めくくることをおすすめします。

宣言文

「私は宇宙レベルのライトボディを体現します。
私のダイヤモンドライトボディを融合します」

フルボディ覚醒コラム2

セルフ・チェックイン

SELF ENERGY CHECK-IN

多くの人が「チェックイン」というワードから、ホテルへの宿泊などを連想すると思いますが、本来は〝自分の状態を確認すること〟を意味しています（「check in on 人」で〝～の様子を伺う〟といった使い方をします）。ですので、「セルフ・チェックイン」とは〝自分のエネルギー状態を確認をする〟のことであり、無意識のうちに行うものでもあります。

今の時代、自分の言葉ではない言葉で語る人がとても多いです。これははっきりとした原因があります。大半の人がスマホなどの電子機器に依存させせられているからです。英語では「entrainment 強制的な同調」という言葉で表されますが、まさに3次元のネガティブな低周波動に強制的に同調をさせられている状況なのです。たとえば、外出時にスマホを忘れた場合のことを思い出してみてください。体がスマホのある生活に慣れてしまっていて、「SNSに投稿しなきゃ」とか「あの人にメッセージを送らないと」とか「明日のスケジュールはどうだったかな」とふと思って、ポケットからスマホを取り出そうとした経験はありませんか？　これこそ強制的に同調されている証拠でもあります。

自分以外の意図に同調してることに気づいた時は、すぐにリセットしてニュートラルに戻るように習慣づけましょう。１日最低でも４回から多くても10回程度は小まめ

強制的同調が支配する現在、毎日行うセルフ・チェックインが重要になる

にセルフ・チェックインを行うことが非常に重要です。具体的には、「今私が考えていることは、本当に自分自身の思考なのか？」と確認しましょう。

ぐるぐると不本意な思考の繰り返しをみなさん経験してると思いますが「いったいどこから発信されているのか―発信元は衝動的？カルマ的？

古い記憶？他人の想念？集合無意識？低次元の霊体？――」と、自分ではないかもしれないと疑ってみてください。瞑想が苦手な方は自動思考が強いことが原因の場合が多いです。終わりのない自動思考は、社会的に認識されていない軽い精神病とさえ言えるでしょう。

しかし、見えない空間には、精妙なエネルギー（神気）、ガイドや宇宙ファミリーからの情報、土地や地球といった自然界からのメッセージなど、必要かつ良質な情報も、不要なノイズと混ざり合って存在しています。セルフチェックインの実践で自分を確認する習慣がつくと、不要なものと必要なものがふるいにかけられてリセットするチャンスが増えていきます。そうすると、思考をはじめ、自分の感情の情報や自分のエネルギーレベルがどのくらいになっているのかが、スマホのバッテリー残量を確認するかのように、具体的に把握できることで、適切な対応ができるようになります。これは自分のインセンションの進み具合をリアルタイムに感じることが目的です。エネルギーレベルでもセルフ・マスタリーを体得しましょう。

フルボディ覚醒エクササイズの疑問に
グレゴリー・サリバンがズバリ答えます

エクササイズにまつわるさまざまなお悩み

Q&A part 1

ここでは、フルボディ覚醒エクササイズを、実際に体験された方々から寄せられる代表的な6つの質問に対して、グレゴリー・サリバンがズバリお答えしていきます。どのような効果が得られるのか、どのような変化が起こるのか、変化が起きたらどうすればいいのか、皆さんのお悩みを解消します。

Q.1

アセンションの変化はどのように認識できますか？

Answer

アセンションがもたらす変化は、日常の中の様々な場面に反映されます。たとえば、自分の身体が軽くなったと感じるような変化もあれば、食欲が増したとか食べ物の好みが変わったなど食生活の変化や、音楽をはじめとして趣味に関する変化も多くなっていきます。どこに変化が生じるかはわかりませんし、エクササイズを実践した多くの人が「予想もしていなかった変化が起こった」と語っていますので、あらかじめ幅広い変化を想定しておくことが大事になるでしょう。

もちろん、起こった変化は自分の努力に関するフィードバックになりますが、変化ばかりにこだわってしまうと逆に流れのルートが閉じてしまうかもしれません。物理的な変化ばかりにこだわらないでもらいたいと思います。これはエネルギーの世界で起こる変化なので、思っているよりも深い層でシフトチェンジが起こっていきます。その変容は、自分の体内や個人の範囲のフィールド、そして周囲の世界——他者との人間関係や仕事への意識や会社の状況など——で起こっていきます。

それは、あなた自身への負担となっていた刺激が解消され、エントロピーなどエネルギーが留まり詰まってしまっているものが、フローのモードへと転換して流れが良くなることから生じていきます。そして、変化を自覚した時は自分自身や宇宙そのものに対して感謝をしてください。その感謝のエネルギーはポジティブに循環して、変化のフローがさらに強くなっていきます。

Q.2

エクササイズの効果は どのくらいもちますか？

Answer

これはとても大事な質問ですね。エクササイズの種類によって効果が続く時間は変わってきます。数時間のエクササイズもあれば、一生モノの効果が続くエクササイズもあります。

インセンションのワークである「フルボディ覚醒」は、大いなる宇宙意識のゴールに向けてコツコツ積み重ねていくものです。毎日実践していらないものを手放し、新しいもの取り入れていくというものなので、突破口を開く体験である「ブレイクスルー」もその時々で訪れると思いますが、何よりも継続することが一番大事です。

宇宙ガイドから送られてくるサイン（兆し）など、自分だけにしかわからないものに対する自覚を得ることが目的であり、そのための感性をエクササイズの実践と継続を通じて研ぎ澄ませていく必要があるのです。

Q.3

私はどこの次元のサポートと つながっていますか？

Answer

宇宙存在のサポートも間も入っていますが、高次元エネルギーを遡っていくと最終的に創造次元の光である「大いなる源 ソースライト」とつながっています。何かを仲介することなく、そことつながることができるようになるのです。

ガイドに頼るということだけでは、最終目的ではありません。自分たちは創造主と一心同体ですので、直接「大いなる源 ソースライト」とつながります。

Q.4

私は宇宙エネルギーをどうやって感じられますか？

Answer

宇宙エネルギーには様々なグラデーションがあり、「人氣」「霊氣」「神氣」があります。高次元のエネルギーというものは「神氣」に分類されるものですので、最初はそれを捉えにくいと感じるかもしれません。

このエクササイズ本を実践することで、さまざまな角度やベクトルから、それをキャッチするセンサーを開花させて磨き上げ、「サトルエネルギー※1」やさらに高度なものである「ハイパーサトル」を受け取り、察知することができるようになるのです。

やはり、何事も目的意識が必要ですので、すべてを与えてもらうのではなく自ら感じ取るようになるための努力は欠かせません。ですので、自分のニュートラリティを高め、内なるグラウンディングを実践し続けていくことが重要になります。

そこで適応するものが、「内なる宇宙」「内なる静けさ」。メンタルノイズや日常的な雑音を削ってから、美しい微細で静かな宇宙の振動数が耳に入りやすくなります。それはすでにあなたの周りで常に鳴っているものなのですが、他の雑音でかき消されてしまって聞こえなくなっているのです。

※1 サトルエネルギー……マイナスイオンをはじめ、磁気、遠赤外線、超音波、静電気、宝石などの微弱、微少、未知なエネルギーのこと。

Q.5

なぜガイドたちは私たちを手伝ってくれるの？

Answer

この本を手にされた方は、「スターシード」「インディゴ」「ライトワーカー」である

可能性がとても高いです。自分にその自覚がなくとも、何かに惹かれて本書を手に取っていただけたこと事態が、ある意味でその証でもあります。

あなたが生まれる前から宇宙チームの守護霊団が存在しています。本書を手にしてエクササイズを実践するというこのプロセスが、彼らとの接点づくりやコンタクトのきっかけになり、エネルギー的な交流がスタートします。彼らは、あなたが生まれる前から約束していることなので、当たり前のことなのです。

これに付随してよくある質問について答えてみますが、「地球にはこれだけの人口が存在しているけれど、ガイドの数は足りているの？」としばしば訊かれます。前世からの家族のような存在の宇宙ガイドがいますし、彼らもスタンバイしているわけですから、逆に頼まない方がもったいないのです。感謝しながら遠慮なく困っていることを頼みましょう。三次元の流れで凝り固まっているものは、エネルギー次元からのサポートを導入すると、ものの見事に魔法がかけられたかのように、一見して解決不可能な状況であっても瞬時に解決されるのです。

Q.6

変化が起こったあとにどうやってグラウンディングすればいいの？

Answer

今まで他のワークを体験して、何も感じないまま終わってしまったという方も多くいらっしゃいます。私たちの世界では、このエクササイズのルーティンは実感力がとてもすごいので、本当の変化を体験することができます。

宇宙ファミリーとつながることは本当の変化をもたらすことに等しいので、皆さんが思っている以上に強い変化を体験するかもしれません。その時は、一時的にバランスが崩れてしまうと感じる方もいらっしゃいます。最終的には肉体レベルにまで降ろすことが大事になりますので、グラウンディングが必要となります。

最終的には､高次元エネルギーが外部からオーラ層に入っていき、スポンジが吸収するように身体の各細胞や各筋肉に充填されて影響を受けていきます。そこで重要になってくるのが、最後にそれを肉体内に定着させるためのアンカリングが“ 肉体面の癒し ”になります。

カイロプラクティックやストレッチやヨガ、充分な睡眠時間を確保すること、裸足になって大地を歩くアーシングは有効です。それ以外にも、じっくりと入浴することも良いですし、短期間のファスティングもそれに当たります。肉体的なデトックスは、エネルギー障害をはじめとした数々の要因の解決になります。

フルボディ覚醒
3ステージ
プログラム

Stage 3

毎日の生活を
ととのえていくことで
全身覚醒が身近に感じ取る

調和で波動もアップグレード
フルボディ覚醒へと到達

今回紹介しているエクササイズのプログラムを３ステージやり遂げていただければ、あなたを調和状態へと導くことができるようになります。そうなれば、私たち地球人をあたたかく見守ってくれている宇宙ファミリーが、あなたのライトボディを修復したり、サポートをしたりすることが容易になるのです。３ステージめの３つのエクササイズを実践したあとには、エネルギー体との調和がとれてフルボディ覚醒へと至ります。あなた個人の波動（バイブレーション）がアップグレードされ、最高の状態に到達することでしょう。

Stage3 のエクササイズで得られる効果

- ☑エクササイズの効果を全体的に落とし込めます
- ☑日常生活をより「宇宙的ライフスタイル」にすることができます
- ☑今も加速している「デジタル化」から自分を守ることができます
- ☑大切なお子様や親戚のお子様を守り、若いうちに高次元との接点を設けることができます

エクササイズ 6

自分のエネルギーを呼び戻す宣言

RETURN TO RIGHTFUL OWNER COMMAND

ユニティーコードの中の「I am Soverign ＝自分の主体者」を実行する宣言。主体者としてパワーを発揮していくためのエクササイズです。

声に出して言葉を唱えることで宇宙ファミリーとつながりやすくなる

『ホログラム・マインドII　宇宙人として生きる』の中でも紹介されたエクササイズである「自分のエネルギーを呼び戻す宣言（ＲＲＯ宣言）」。それぞれの時代と様々な次元に散らばったあなた自身のエネルギーや魂の一部、多次元的な自分の一部、それらの全てを回収するために行う宣言です。

より具体的なイメージとしては、〝ある力を上から呼び降ろすこと〟になります。あなたが自分のＥＴガイドとつながり、コミュニケーションを図っていくために効果的なテクニックの一つでもあります

ＲＲＯ宣言を唱えて失われた自分の一部を回収し、本来の自分になる

自分のエネルギーを呼び戻す宣言（ＲＲＯ宣言）

私は宇宙の光・十二次元の化身として、現在のタイムラインや現実において、宇宙の一なる法則に沿った光の源としての最高の表現・方向にとって不要となったあらゆる存在・ガイドとの全ての契約と合意を破棄します。

私は、過去・現在・未来における最も高い神なる目的と魂の使命を覆い隠し

てきた、全ての偽りのアセンションマトリックス（FAM Fake Accention Matrix）や、信じ込んでしまった不要な情報の影響を終わらせます。

キリスト教に侵入している償いと十字架の契約、そして低層四次元システムが、私の意識と私の12層の全てのエネルギー体に影響を与えることを終わらせます。

さらに、この全ての契約解除が、永遠・永久に続き、全ての平行次元および平行タイムラインで実行され、取り消されることがないことを断言します。

偽りのもと侵害されてきた、全てのユニティコード・遺伝子情報・エーテルの宝石・エーテルの翼・生命エネルギー・エーテル体のパーツを、神のアバターである私自身の元へと戻すよう要求します。ここで宣言してきた自己主権・自己統治の権利を、今この瞬間、正当な所有者へ戻すことを要求します。

永遠の愛と赦しに満ちた源の光で、支配と操作を繰り返してきた低層存在たちを宇宙のワンネスへと溶かし、私たちの不本意な関係性を完全に除去するよう命じます。

私個人のエネルギー・オーラ領域を完全に癒し治し、これから先に起こる侵入からも完全に封鎖します。今、聖なる宣言によって、全ての生命エネルギーと魂の本質が私の元へ戻されます。

今、私は全ての自己主権と神の力、そして自己決定の権利を呼び戻します。

そして、この惑星の全人類の代表として永遠の光に立つために、完璧な自分自身の主権そして自由を選びます。

この恩恵を全ての人々と分かち合うために、今ここで、ギフトを受け取ります。

光とともに全ては一つ。

私はユニティ
愛なる宇宙の根源
ありがとう

エクササイズ

6

RETURN TO RIGHTFUL OWNER COMMAND

エネルギーを維持することが不可能な現代社会でETガイドとつながるため、言霊エクササイズを実践しよう

宇宙には普遍のルールがあり、私たちは多くの転生を繰り返してきた中で、時空を超えた全ての次元において、これまで失ったり奪われたりしてきた情報や魂のかけらを自分のもとへと取り戻す権利があります。

日常生活の中で、あなたのエネルギーボディのダメージによって、持っている生命エネルギーであるルーシュが漏れてしまったり、無理をして無駄につかってしまう状況は避けて通ることができません。その失ったエネルギーを、再び自分の元へと呼び戻す宣言を口に出して唱えることで、今活用できる生命力が高まります。

STEP1

ユニティコード（P70 参照）を宣言する

ユニティコードを省略した「私は GSF」を３回唱えます。私たちの生命エネルギーは、日常生活のなかで気付かぬうちに、低次元かつ無知のネガティブ存在から寄生されて盗まれてしまうこともあれば、ライトボディに穴が開いてそこから漏れ出してしまうことがあります。現在は、健康面において腸に穴が開いて異物（菌・ウイルス・タンパク質等）が血中に漏れだす「リーキーガット症候群（腸漏れ）」が問題になっていますが、人体だけでなくライトボディでもそれは起こってしまうのです。

PEACE GROW

STEP2

P120からはじまるRRO宣言を唱える

「自分のエネルギーを呼び戻す宣言」は、略称を「RRO宣言」と言います。RROとは“Return to Rightful Owner（正当な所有者に戻すという意）”の頭文字を取ったものです。少し疲れを感じた時や滞りを感じた時などにやってみると効果をより感じることができるはずです。

LOVE

STEP3

RRO宣言を唱え終えたら次のフレーズを言います

ハイヤーセルフにとどまっている情報を
ハートチャクラにおろしてください

HAPPINESS

STEP4

最後はこのフレーズで終了します

自分のハイヤーセルフと
高次元ガイドの宇宙ファミリーに感謝します

POWER

＜ RRO 宣言を唱える間に行われること＞

- ☑ 自分の見失った
魂の部位を呼び戻す
- ☑ 高次元ボディの
ピースを呼び戻す
- ☑ エネルギー漏れを塞ぎ、
それによって生じた空白を埋め込む
- ☑ 他の傷をケアしたり、
穴を閉じるなどの修復作業を行う

感性を研ぎ澄ませ続け
宇宙からのエネルギーを
キャッチしていきましょう

エクササイズ 7

デジタル風水

DIGITAL FUSUI

スマートフォンやパソコンをはじめ、さまざまなデジタルデバイスに囲まれて生きざるを得ない現代社会。有害なものとして捉えられるデジタル（電磁波）を、ちょっとした工夫と心構えで対処していくエクササイズです。

デジタルデバイスが身体の一部に
それは自らの身代わりでもある

これを読んでいる皆さんのなかでも、「デジタル風水」という言葉を初めて耳にするという方も多いのではないでしょうか？

私たちが生きている現代社会とは、すなわちデジタル社会に他なりません。現在の若者たちは、生まれながらにしてインターネットがある環境下で育った「デジタルネイティブ」と呼ばれているくらいですので、それこそ物心ついた時から、水や空気のようにネット環境に親しんでいると言えます。

若者に限らず、30代や40代であっても、パソコンやスマートフォン、タブレットを見たり触ったりする時間は、一日のうちで相当な割合を占めています。それはコロナ禍を経てさらに増加傾向にあります。

デジタルデバイスは、まさに「自分の身体の一部」であり、「自分自身の身代わり」とも呼べる状況にまでなっているのです。

スマートフォンの「待ち受け画面」は自ら積極的に選んだ写真を使用する

邪気は、「エントロピー増大の法則」に支配されています。つまりエネルギーが時間の経過につれて劣化し、新鮮な状態に戻ることはありません。ですから風水のように邪気がそこにとどまらない状態を作り出すこと、そして循環の良いエネルギーが出入りできる状態にととのえることが重要です。

そのための方法を３つお伝えしていきます。

１つ目は「待ち受け」画面です。特にスマートフォンにおいては重要です。初期設定の待ち受け画面のままにしている方が非常に多いようです。しかしスマートフォンを購入したら、自分のものにするためのマーキングが必要です。好きな写真や美しい風景など内容は何でも構わないのですが、とにかく「自分が好きで選んだもの」にすぐに変えましょう。それが何よりも重要なポイントなのです。

エクササイズを実践する重要なポイントは〝自分からアクションを起こすこと〟にあります。ですから、スマートフォンを購入した際の初期設定の待ち受け画面のまま、使い続けていた方は早急に変更してみましょう。

次のステップは、自分で選んだ待ち受け画面を、カレンダーのように小まめに変更していくことです。たとえば、今が冬なのにカレンダーの写真が夏のままになっていたら違和感がありますよね?少し古い感じがしませんか?良い状態を保つためには、目安としてだいたい1ヶ月おきくらいがいいでしょう。過去のエネルギーをとどめているとだんだんと腐っていくのです。そうなるとフレッシュな宇宙エネルギーもスマートフォンの中に出入りしにくくなってしまいます。

お子さんの昔の写真を待ち受けに設定されている方はとても多いと思いますが、それも一番最近に撮った写真に変えてください。その写真がどれだけあなたのお気に入りであったとしても、年数が経過したものはエネルギーが劣化していきます。

なによりも、写真をリフレッシュし更新するだけで機械の動作が不思議と早くなりします。ですからスマートフォン、ＰＣ、タブレットの待ち受け画像は定期的に変更するようにしましょう。画像は、エネルギーが出入りするポータル(出入口）になるものです。そのことを意識すれば、美しいもののほうがより良いでしょう。

電子機器が身体の一部となった時代はこまめにデバイスの再起動を行う

２つ目は「再起動」をこまめに行うこと。

スマートフォンが動かなくなった時に再起動する人や、ＰＣの電源を落とさずにスリープ状態で使い続けている人が多いですよね。このような使い方を続けると、ＰＣの動作が遅くなったりしますがこれは私たちには見えなくともコンピューターの裏側では様々な計算が起こっているからです。専門ソフトを使用したＰＣのクリーンナップとまではいきませんが、再起動するだけである程度クリアになりますので、皆さんにおすすめしています。

スマホやＰＣを再起動する目安は、週に３〜４回が理想です。

私は本を執筆する時など、集中が求められる大事な時期は、何度もスマートフォンやＰＣを再起動しています。音響エンジニアとして作業する時には、スタジオでＣＤのマスタリングを終えた音源の最終書き出しをするときに再起動します。すると録音された音が良くなるのです。これはエンジニアの間ではよく知られた習慣です。

次に「液晶画面のひび割れ」を放置しないこと。特にスマートフォンに顕著ですね。先ほど、待ち受け画像とは想念やエネルギーが出入りできるポータル（出入口）でもあるとお伝えしましたが、入り口があっても映し出す液晶画面にひび割れや汚れなど不具合があると、良いエネルギーが入ってきません。スマートフォンが劣化したエネルギー体になってしまいます。特に液晶画面のひび割れはすぐに直してもらってください。高次元エネルギーは微細なものだからこそ、そういう場所に入れないのです。

宇宙ファミリーによるサポートのためにも電磁波をブロックすることが大事

身体というものは寝ている時が最も無防備です。前作の中でも「マインドコントロール VS 5次元マインド」で解説しましたが、無断に地球をコントロールしようとしてる存在たちによる組織が行ってるエネルギー兵器の１つとして、遠隔による電磁波攻撃が日常的に行われているため、身近に電磁波を発するものを置いておくと、格好の餌食となってしまいます。

具体的にはネガティブな言葉の波動を遠隔で投影させ、人の脳内に送り続けることで想念を誘導し、機械で呪いをかけるのです。さらに、多くの人が悩まされている不眠症も、電磁波を浴びて攻撃されていることが原因の１つの可能性があります。

非常に重要な睡眠時間が妨害されてしまうことは、スターキッズやスターシードにとって肉体の健康以上に影響があります。なぜなら宇宙ファミリーからのサポートを受け取りやすいのは、あなたや寝ている空間がフレッシュな状態の時であるため、邪気や不調和があると必要なエネルギーに繋がりにくくなるのです。電磁波対策は、フレッシュなエネルギーが入りやすくするために必要なことなのです。

子供を持つ親御さんは、お子さんにも電磁波の有害性をなるべく早い段階から伝えてほしいと思います。ゆるやかに宇宙エネルギーとまだ繋がってる育ち盛りの子供にとって、妨害のせいでで宇宙ファミリーからの情報やエネルギーを受け取れなり、断然されてしまうことは最も大きな弊害となるのです。成長ホルモンのバランスが崩れ、女の子の場合は生理周期がおかしくなったり、男子のお場合は精子の数が減ってしまうなど、地球の未来にも影響があります。

音響エンジニアの経験から実感
電子機器は霊的エネルギーが入りやすい

まず必要となるのがそれらのデバイスのエネルギーをクリアリングして整え

てあげることです。そうすることで、受ける悪影響を最小限に抑えることができます。クリアにしてエネルギーの滞りが解消されると、物事の流れまでスムーズになっていきます。

私はコンタクト・ガイドだけでなく、長らく音響エンジニアの仕事に携わってきた現役の音楽家でもありますので、もともと機械にまつわるエネルギーにはとても敏感です。

マイクロフォンをはじめ、電子機器には霊的エネルギーや宇宙エネルギーが入りやすいため不思議な現象がよく起こります。

実際、「レコーディングスタジオに幽霊が出る」という話しは、世界各国でレポートがあるほどで、世界中のエンジニアたちの共通認識でもあるのです。

「○○のアルバムにはラップ現象の音が入っている」といった逸話も数多く残されています。

だからこそ、レコーディングをする際には、エネルギーの流れを良くするために、デジタル機器を清めるクリアリング作業を行うことからはじめることがセオリーとなっています。

エクササイズ 7

DIGITAL FUSUI

電子機器が身体の一部であり、自分自身の身代わりにもなった時代にデジタル風水は必須のメソッドである

一人の人間がいくつものデジタル機器を持ち歩くようになって10年以上経ちました。今では、デジタル機器こそ最も個人に影響を与えてくるものであるということを認識し、理解しておきましょう。高度デジタル社会を生きる私たちにとって、スマートフォン・パソコン・タブレットは、もはや身体の一部であり、私たち自身の身代わりなのです。人によっては一日の中で最も身体が触れているものとなりました。この影響はまだ誰にもわからない状況です。だからこそ、定期的なクリアリングを実践して、その都度フレッシュなエネルギーが入るようにしましょう。

For Cell Phone

スマートフォンで注意すること

POINT1

スマートフォンの待ち受け画面を変更しよう

待ち受け画像がデフォルトのままはNG！エネルギーが出入りできるポータル（入口）になるからこそ、待ち受け画像は定期的に新しいものに変更をしてください。自分の好きな写真で大丈夫ですが、お子さんの昔の写真を使い続けるのは避けてください。「良いエネルギーが入る」ということを念頭に置いて選びましょう。

あなたは、1日のうち
何度待ち受け画面を
見ているかわかりますか？

For PC

パソコンで注意すること

POINT2

こまめに再起動をしよう

PC などを常にスタンバイ状態にしておくと作業が楽なのは間違いありません。しかし「自分の身体の一部、あるいは身代わり」とも言えるデジタル機器の電源がずっと入りっぱなしということは、あなた自身が常にオンの状態である、ということでもあります。またスピリチュアルな人がデジタル機器を使うと、やりとりするエネルギー量が多いため、古い情報と波動がどんどんと溜まってしまいます。積み重なると新しいエネルギーが入りづらくなるので、こまめな「再起動」でクリアリングしましょう。電源のオンとオフ、再起動などスイッチを切り替える習慣はとても大切です。

デジタル機器の電源を
入れっぱなしの人は
要注意ですよ！

TABOO TIPS
やってはいけないこと＆やってほしいこと

POINT3

Big No-No
絶対にやってはいけないこと

特に男性に多いと思いますが、シャツやジャケットの胸ポケットにスマートフォンを入れるのは絶対にやめましょう。心臓はエネルギーフィールドのとても重要な臓器です。ここに電磁波が干渉してくることでエネルギーフィールドが劣化し、スムーズな流れを邪魔します。さらに「左」と言うのは「受け取る」機能の位置でもあり邪気を寄せ付けないためにも重要なことです。また、電磁波を心臓に当て続けるようなもので、癌細胞を活性化させてしまう刺激になってしまうのです。せめて右側にする必要があります。

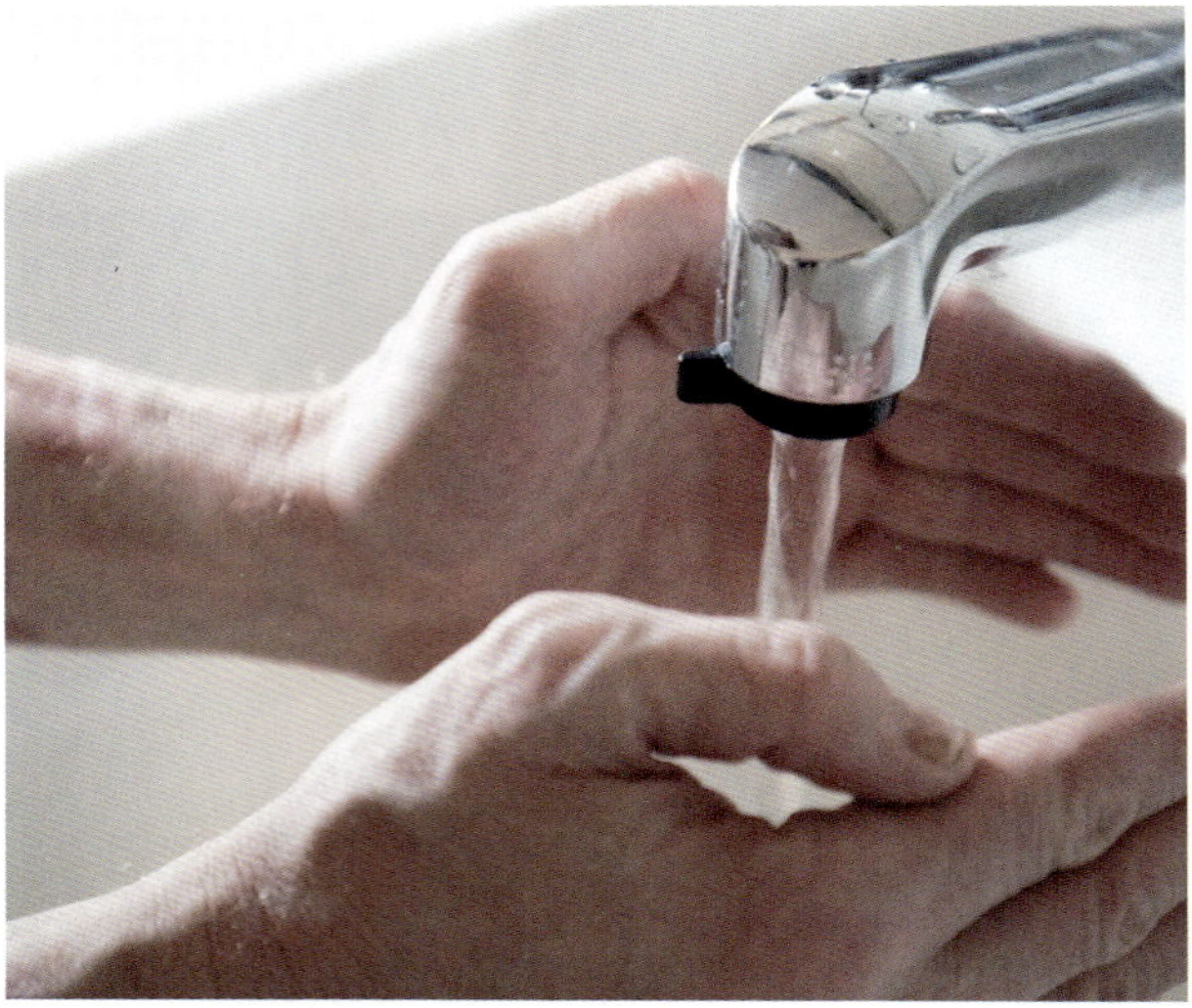

POINT4

自宅で簡単に電磁波を除去

身体中に電磁波や邪気が溜まってしまうと、インセンションが進まず正常な状態 を忘れてしまい、元に戻りずらくなります。それを除去する ためには、裸足になって大地を歩く「アーシング」が最適 ですが、都会だとなかなか適した場所がありませんし、そこに行くまでの時間もかかってしまいます。そこでおすすめなのが、水道を使ったメソッドです。 水道の蛇口から少しだけ水を出して、両手のひらで水を囲います。そして、身体の中の邪気がその水を通って足から出て いくのをイメージしてください。これはエネルギーフィールドのグランディングになります。このように邪気をリリースすることによって宇宙次元のエネルギーも入りやすくなり、スピリチュ アルボディの再構築が、よりスムーズになります。

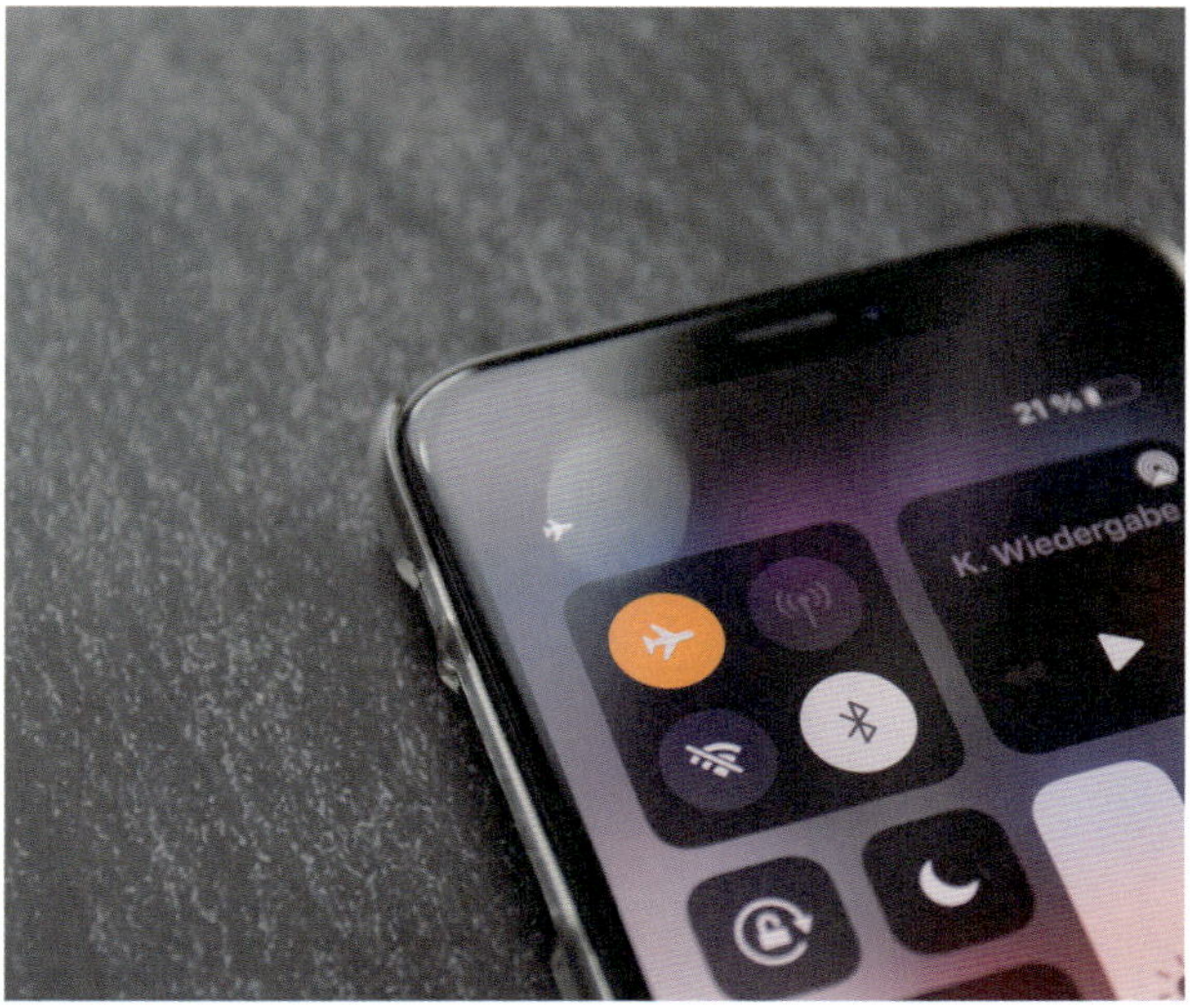

POINT5

「電磁波をブロックする」「機内モードを使う」

最後にもっとも重要な内容です。生活の中で最も身近にある邪気は、言うまでもありませんが「電磁波」です。スマートフォンをアラーム代わりにしている方も大変多いのですが、なるべく頭の近くやその周辺に置かないようにしてください。特に就寝時には以下のことを実践してほしいのです。理想は寝室とは別の部屋に置いておくことです。最低でも自分の身体から３ｍは遠ざけられるといいですね。そして、機内モードにしてから就寝してください。

エクササイズ 8

スリープタイムサポート

SLEEP TIME SUPPORT

眠りの時間、それは1日の締めくくりとして最も重要な意味をもっています。眠りにつく前に適したエクササイズ「スリープタイム」を実践することで、あなたのインセンションはさらに進行していきます。

眠っている間にインセンションが定着する

インセンションとは、ワークや瞑想をしている時だけ起きてるのではなく、24時間ずっと行われる成長プロセスです。ですから、あなたが寝ている間であってもインセンションは続き、時間をかけて日常生活に深く落とし込まれていきます。

寝ている間は宇宙ファミリーや他のスターシードの仲間たちと四次元レベル（アストラル界）で交流し、エネルギー調整も行いやすい状態です。そこで行われる交流の中でも一番有名なのが、「ドリームコンタクト」と呼ばれるものです。それは記憶に残らないことがほとんどですが無意識の領域に夢で体験したことや様々な情報が記録されています。

睡眠中に宇宙ファミリーと交流した経験は、やがて三次元であなたがETコンタクトを体験する際の準備となってくれます。それだけでなく、あなたがこの先のタイムラインで生じる、大病や大怪我を避けるように修正したりしてくれる効果もあるのです。フルボディ覚醒を行うためには、寝てる間にもETガイドとコンタクトをとることや、スターファミリーとの接点を育てていくことが必要となってきます。

睡眠は「瞑想ができない人」さえも自然な瞑想状態になる時間ですが、活動していた肉体を休ませると同時に、目が覚めてる時とは違いエネルギーボディで活動し、深いスピリチュアルな時間を過ごしています。その時に高次元とのエネルギー交換やより良いサポートを受け取れるような空間作りが重要になってきます。この空間作りはアセンション用語で「スペース・コマンド」と言います。例えば、寝る前は特に、身近にある自分のスマートフォンが発する電磁波の悪影響に対しても対策しましょう。電磁波を無防備に浴びることで、あなたの思考の周波数が何かに染まっていくことになります。

ところで、睡眠中は高次元と交流する大切なものですが、最も無防備な状態になっている時間でもあります。睡眠の間、自分の周波数が変わることでネガティブな霊的存在たちとの距離感もとても薄くなり近づくことになります。そのため夜にしか活動しない低次元の存在達が、私たちにとっては不本意な遭遇やライトボディへの侵入行為など、問題を起こしてしまうことが多々あります。このように、あなたのライトボディの光に惹かれて、いろんな存在が自然と寄ってきてしまうのです。ですから「スリープタイム」のエクササイズをしっかりと行って低レベルの存在の侵入や妨害への対策をすれば、睡眠環境を整い良い影響を与えてくれます。

エクササイズ
8
SLEEP TIME SUPPORT

あなたが眠っている間にETガイドやスターファミリーのサポートを受けるために必要なプロセスとは

すべての生き物において、睡眠は非常に重要な役割を担っています。深い睡眠時には成長ホルモンが分泌され、体の休養や疲労回復、免疫機能の増加を行い、脳の保守作業も行います。さらに、起きているときに見たことや学習したことを記憶として定着させたり、感情の整理も行われています。

そして同時に別次元では、宇宙的なバックアップとサポート（修復や改善）があなたが眠っている間に秘密裏に執り行われています。時間や労力はかかりませんので、次ページからはじまるエクササイズをまずは毎日寝る前に実践してみてください。そして寝ている間に、自分のスターファミリーに遠慮なくサポートを依頼しましょう。

STEP1

宇宙ファミリーにラブコール

寝る直前に自分をサポートしている高次元のチームに呼びかけます。「私をサポートしている高次元チームとつながりたいです。私は寝ている間に愛なるスターファミリーとの交流を深めます」と３回唱えます。

STEP2

ユニティーコードで寝てる空間を防御

P70 で紹介している「ユニティコード」がここでも登場します。ユニティコードを省略した簡易フレーズが「私はGSF」です。この言葉が書かれたステッカーをイメージします。そして、就寝する部屋、布団、パジャマなど寝てる時に着ている服など、いたるところにステッカーが貼ってあるとこをイメージしましょう。これで部屋と自分自身を波動レベルでも防御できます。

STEP3

宇宙ファミリーへの依頼を唱える

再び宣言をしましょう。「宇宙ファミリーよ、私のエネルギーボディの再構築やアップグレードに取り組んでください」と３回唱えます。次に「高次元チームよ、私のエネルギーボディから“コア恐怖心マトリクス”を取り除いてください」と依頼します。（コア恐怖心についてはP44のキーワード解説を参照）

STEP4

いざ眠りの世界へ

１～３のプロセスが終了したらいよいよ就寝です。睡眠中スターファミリーたちは、目覚めの時まで休むことなく、あなたのエネルギーボディの修復やアップグレードを行ってくれます。「ドリームコンタクト」や夢の中での宇宙会議に出席するなど、あらたな経験を楽しんでください。

STEP5

朝、目が覚めたら ジャーナリングを行う

翌朝、眠りから醒めたらすぐに行っていただきたいのはジャーナリングです。ベッドサイドにノートとペンを置いておき、起きたときに自分が感じたこと、自分の中に浮かんできたキーワード、見た夢などを記録しておくとよいでしょう。それを継続していくと、宇宙ファミリーからのメッセージが見えてくるはずです。

家族向きワーク

KRYSTAHL《クリスタール》キッズ

KRYSTAHL KIDS

多くの方からの要望があった“親子でできるエクササイズ”を紹介します。地球に生まれてきたスターキッズたちと宇宙ファミリーとの繋がりをいち早く強化するためのエクササイズです。

スターキッズと一緒にエクササイズを楽しもう

この「KRYSTAHL キッズ」は子供版の「シュシュンマ」エクササイズであると言えます。

これまでも、ワークショップに参加された方から「親子でできるエクササイズを教えてください」という声をいただくことは多かったのですが、何よりもスターキッズを守り、本来のアセンションエネルギーとしっかりと繋がるために、子供の頃からエクササイズを行って欲しいと思います。

地球に生まれてきた最新型のスターシードの子どもたちは、現在の地球にはない高い次元の波動を持っています。そのため、大人になるまでの間、その良い波動が発揮しづらいようにと支配的でネガティブな見えない存在たちから、なんらかのエネルギー攻撃を受けやすい、とても無防備な状態なのです。

大人になっても悩まされるようなエネルギー面の傷を負わないためにも、スピリチュアルを理解して自分で対処できるようになるまで、この空白の期間に対して大人たちはどのように対処し導いていくべきなのか、それについてお伝えします。

理想的なスターシードの育て方としては、幼稚園や小学生に入学する頃から段階的にスピリチュアルについてのトレーニングをはじめることをお勧めします。そうすることで、結果的に三次元的な妨害をも防ぐことができます。

これまではネガティブ存在からの妨害を避ける前に、残念なことですがエネルギーアタックにより潰されてしまうことがとても多かったのです。しかし、子ども達が持っている高い波動とポテンシャルをそのまま発揮できるように、宇宙ファミリーとの繋がりをより強く育て、絶やすことなく最高の花が咲くようにしたいものです。

何かや誰かに依存するのではなく、子どもたちのピュアなエネルギーを安全にサポートし、「自分の主体者」として生きる新しい在り方を実現できるよう、ととのえてあげることが重要です。

私が開催している「スターキッズ」のワークショップや親子および家族セッションで「一方的に押しつけることに不安があります。子供の自由意思もあるんじゃないですか？」と訊かれることもあります。18歳になるまでは親がスターシードの代理人で両親が子供のエネルギー面においても保護者であり、親の意志でエネルギー的なクリアリングをしても問題はありません。

エクササイズ
EXTRA

KRYSTAHL KIDS

子供たちのエネルギー体を保護するため親子でエクササイズを行って高次元のエネルギーをチャージする

解説でも紹介した通り、宇宙ファミリーたちいわく「高校生くらいになるまでは両親がエネルギー体の保護者でもあり、代理人として子供と宇宙をつないで守る役割がある」ということは、お子さんのいるご両親は知っておいていただきたいことの一つです。

このエクササイズそのものは、すでに紹介したものを組み合わせて行う内容ですが、ゆっくりやれば結構時間がかかるものです。お子さんが幼い場合、最初はぐずったりして一緒にやるのは難しいかもしれません。タイミングはいつでも大丈夫ですので、焦らず楽しみながらチャレンジしてみてください。

STEP1

親子 12 次元シールドを張る

上記の二次元コードで紹介している動画「12 次元シールドの張り方」を参照にしながら、その発展形である「親子 12 次元シールド」を張ります。イラストのように親が子供を中に入れるイメージで行うことがポイントです。最初は二人で立つ形がオーソドックスでやりやすいのでおすすめです。

このエクササイズで重要な鍵を握る「KRYSTAHL クリスタール」とは、銀河の高次元エネルギーのスペクトルのことで、オーロラのエネルギーでもあります。それを各チャクラでチャージしていくのです。

STEP2

エネルギーボールを生み出す

地球の中の内部アセンショングリッドと自らをつなげて、自分の火花を作り出すことをイメージします。そして、火花サイズのスパークが膨張・拡大してゴルフボール、野球のボール、バスケットボールの大きさに段階的になっていくことをイメージし、エネルギーボールをどんどん大きくします。

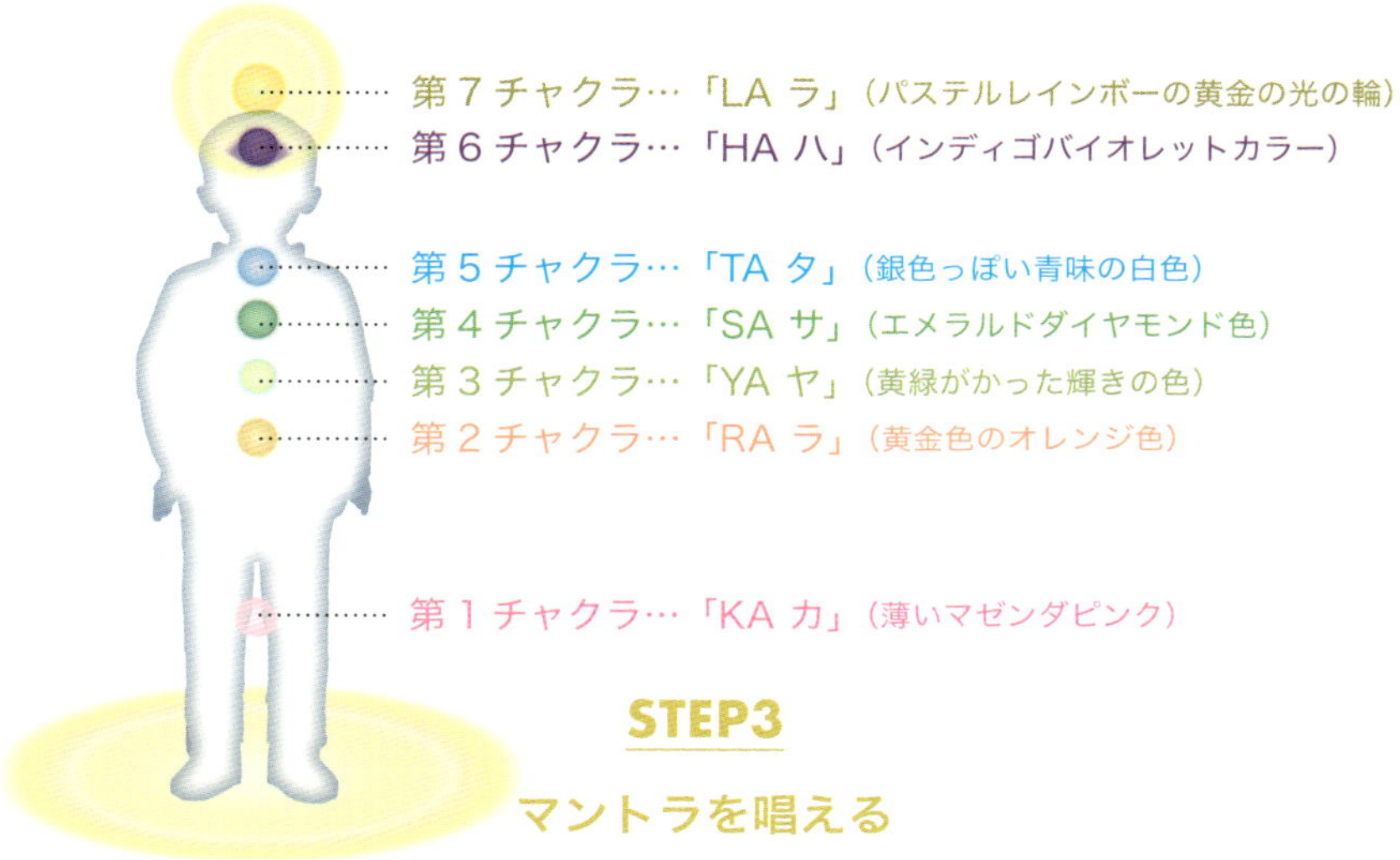

STEP3

マントラを唱える

その大きくなったエネルギーボールを足の下のゼロチャクラで充電して、足の間のルーツチャクラから体内に入れていき、上昇しながら各チャクラにエネルギーをチャージしていきます。シシュンマのエクササイズと異なるのは、エネルギーボールがそれぞれのチャクラをチャージしている際に、上記のマントラを各３回ずつ唱える点です。ゆっくりで構わないので、上記に記載した「アセンションによって進化したチャクラの色」を意識しながら行ってください。ひとつひとつを丁寧にすると３分程度は必要です。

STEP4

宣言を行い終了

チューニングしながら全身を貫くパイプを活性化していきます。シシュンマと同じく最後に頭頂部からぬけて、自分のエネルギーボールを宇宙の根源に戻していく作業を行います。最後に「私は天と地をつなぐ架け橋です」と宣言して終了します。

フルボディ覚醒コラム３

高次元エネルギー＝情報

HD ENERGY = INFORMATION

最後のコラムでお伝えする「高次元エネルギー＝情報」は、コラム2の次期となり、とてもシンプルな内容です。宇宙のエネルギーは非常に膨大な情報であり、受け取ることを意図するほど「圧縮ファイル」の形で私たちは受け取ることができます。たとえば、宇宙と地球とをつなぐ「ライオンズゲート」の存在を聞いたことがあると思いますが、２０２４年は7月26日〜8月12日ごろまでがその期間でした。特別な天体配置によって獅子座の中で宇宙のゲートが開かれ、８月８日には最大になりながら、エネルギーが地球へと注がれましたが、私は今回が近年で一番スムーズに高次元情報を受け取ることができました。

なぜ今年はそれだけ上手くエネルギーを受け取ることができたのかと言うと、電磁波に囲まれた都心を離れ、自然のなかで3日間ほど滞在していたからです。その間ずっと変性意識の状態が続き、「いったいどれくらいのエネルギーがやってくるんだろうか」と驚いてしまったほどです。それから全身でエネルギーを消化していきました。

このように受け取っているエネルギーの量とは、すなわち情報の量のことです。そのエネルギーは前述の通り、圧縮ファイルとして自分のなかにダウンロードされます。そこから数日、数週、数ヶ月かけて（期間については個人差があります）そのファイルが解凍されて、自分のなかに広がっていき、最終的には消化されるのです。

皆さんは「エネルギー＝消耗品」というイメージを持っていませんか？　私は『ホログラム・マインドー』のなかで詳しく記していますが、この世界は「人気・霊気・神気」の3つに分類されています。「神気」はコーザル界（五次元）からやってくるものですが、このレベルのエネルギーになると、質・量・深さのすべてがまさに異次元レベルです。ですからコーザル界から受け取るエネルギーは、短期間ではなく長い時間をかけて展開されていきます。そこには、遺伝子を操作する力や人間のエネルギーボディを進化させる力も含まれています。

高次元から受け取るエネルギーは情報いかに自分で消化していくかが重要

だからこそ、皆さんは新たなエネルギーを受け取ることについて見直していくことが必要なのです。繰り返しになりますがエクササイズを実践し、エネルギーボディの回路を意識し活用するほどに、機能とパフォーマンスは上がっていくのです。とはいえ、実はみなさんは、無意識下では日々の生活のなかでこういうものに触れているのですが、やはり自ら意識することで、高い次元のエネルギーへのアクセスが強くなり、大いなるエネルギーを最大限に受け取れるようになります。自分が必要とする方向へそれを誘導し、新しい道を切り拓いて欲しいと思っています。

Hologram Mind
Maxim

エクササイズによるセルフケアを行えば、
エネルギーボディが修復されて
あなたはフルボディ覚醒にいたります。
そこからさらに
覚醒レベルを上げていくためには、
自分自身の肉体（骨や各臓器）を
ネクストステージにもっていくことが
重要なのです。

Chapter3

自分の体の可能性を拡張！

フルボディ覚醒メンテナンスメソッド

フルボディ覚醒

メンテナンス
メソッド

METHOD 1
カイロプラクティック

日常生活で蝕まれる肉体のケア
外部からのアプローチに
最適なメンテナンスメソッド

あなたは体を放置していませんか？

日常生活をおくるということは、大なり小なり何らかの「歪み」を体に生じさせるものです。その歪みは１日単位でみると気づかないくらいに微細なもので、それが積もり積もってある瞬間が来たら、時限式の爆弾のように破裂するのです（そう考えるとアレルギーとも似ています）。

次ページからはじまる私の体験談を読んでいただければ、もしかしたら同様の経験をされているという方もいらっしゃるかもしれません。日常生活に支障をきたすくらいの肉体的痛みと向き合うことは、正直に言って過酷で、その状況下では「治らないのではないか……」という不安に苛まされます。

そんなときに頼りになるのは、自分の体を外部からケアしてくれるスペシャリストの存在。このチャプターでは、それぞれのメソッドに応じて、私がお世話になったスペシャリストを紹介していきます。「ともに体を作りあげていくパートナー」をあなたも見つけてください。

少年時代に患った「側湾症」と身体への過度な負担

1895年に、アメリカのダニエル・デヴィッド・パーマーが創始者となり、カイロプラクティックというヘルスケアははじまりました。私自身がカイロプラクティックのことを初めて知ったのは、私の親友が、背骨が左右に弯曲して背骨自体がねじれてしまうこともある「側弯症」に苦しんでいたことがきっかけです。それは小学3年生の時のことでした。

そして、側弯症は私自身の身体にも起こってしまいます。第二次性徴期に入り、身長が伸びていく過程で、軽度の側弯症が発覚しました。その時はストレッチで対処することができて、手術にまでは至らず、16歳になった時にドクターから「もう大丈夫です」と言っていただけました。

しかし、20代に入り大学進学のためニューヨークへやってくると、各地を旅して回ったり、アメリカ大陸を長距離運転して移動したりするなど、知らず知らずのうちに腰に負担をかける生活を自分に強いていました。私は人よりも身長が高いこともあり、背中から腰にかけての負担が、平均身長くらいの方とは比較にならないくらいに日常化していたのです。

私とカイロプラクティックとの運命的な出会い

25歳の時に私は来日しました。そこで、アメリカの文化ではほとんど体験してこなかった、「身体をゆるめる」ということをひとしきり行いました。

お風呂ではシャワーではなく湯船につかる。温泉を楽しむ。そして、マッサージをしてもらうことや整体の施術を受けることなど。日本で初めて体験する身体のメンテナンスの数々に対し、「これはすごい！」と心から思ったものです。アメリカではせいぜいヨガのプラクティスくらいでしたから。そして、福岡に住んでいた頃に運命的な出会いを果たします。

当時の自宅最寄り駅の近くを歩いていた時に、たまたま整体のクリニックの看板が目に飛び込んできました。興味を抱いて試しに行ってみたところ、私を担当してくださった先生の腕が非常に良くて、何度か施術をしていただくことに。そしてある日、その先生が独立をされたと知りました。しかもカイロプラクティックのクリニックを開院されていたのです。

さっそく私はそのクリニックを訪れ、人生で初めてカイロプラクティックの施術を受けました。その時には、「こんなにもインパクトがある施術があるのか！」

と思ったくらいです。そこからは数ヶ月に一度のペースで通うようになり、旅の疲れや日常的に蓄積した負担を軽減してもらうようになりました。

その頃の私は、ＪＣＥＴＩを設立し、エネルギーワークに関わるようになっていて、リキッドソウル・セッションなどもスタートしていました。そうすると、ガイドから「背中に気をつけるように」と警鐘を鳴らされていたのです。

そんなある日、寝違えて起きられなくなったことがありました。自分で靴下をはけないくらい背中がフリーズしてしまい、激痛が走りました。身体を動かすことすらできなかったのです。私はすぐさまカイロプラクティックに頼りました。3回に分けて施術を受けながら、身体全体のねじれが抜けていくのがわかりました。

とりわけ、エネルギーワークでしかアクセスできない「頸椎」「腰椎」「仙骨」の3ヶ所の歪みが取れたり、古い過去の痛みが抜けていったりしているのがわかりました。これまで整体などによってガス抜き的に対処していたものが、抜本的に抜けていったのです。カイロプラクティックの効果を実感した私は、福岡を離れた後も、自分の身体のメンテナンスにとって欠かせないものになりました。

大規模コンタクト会の開催直前に起こった最大級の危機

私は福岡を離れ、２０１８年に東京に拠点を移しました。距離的に通うのは難しいこともあり、東京でカイロプラクティックのクリニックを探したところ、新橋に全国各地から口コミで患者がやってくる「塩川カイロプラクティック」があることを知りました。そのクリニックの代表である塩川雅士先生は、アメリカのカイロプラクターの資格である「国連邦政府公認Ｄ.Ｃ.（ドクターオブカイロプラクティック）」を取得しているだけでなく、カイロプラクターを育成する学校の運営と講師に携わり、カイロプラクターを輩出しています。

２０１８年以降、私は毎年何千人という方々にワークを行ってきました。対面でもリモートでも、ワークは相手から様々なものを受け取ってしまいます。個人の経験や、先祖代々から蓄積されているカルマ、しがらみのある古いエネルギーパターン、そして前世からの不要な影響など、数多くのものに接することを余儀なくされるのです。

それがピークとなる事件が２０２１年12月9日に起こりました。もともと予兆はあったのですが、とうとう私の背骨が悲鳴を上げたのです。

その日は、渋谷のスクランブルスクエアで、60人以上が集まるコンタクト会が開催予定でした。時期も時期だったこともあり、ちょっとした忘年会も兼ねたものを企画していたのです。

私は自宅から会場までタクシーで向かおうとしたのですが、最初に拾ったタクシーがプリウスでした。ご存じの方もいらっしゃるかもしれませんが、プリウスは燃費を向上させるために他の車よりも車高を低く設計してあります。私はすぐに「タクシーに乗って、降りる」という行為に不安を感じました。そのタクシーを断り、スライドドアのタクシーを呼び止め、それに乗って会場へ向かいました。

そして会場へ到着し、運賃の支払いを済ませて下車しようとした瞬間、全身を電流が流れるような痛みに襲われました。予兆は現実のものとなったのです。

渋谷スクランブルスクエア周辺はずっと工事をしていることもあり、少し先にちょうど私の身長くらいのコンクリートドラムを見つけました。なんとかそこまで辿り着いて、もたれかかったのです。そして、その場で20分以上はフリーズしていたでしょうか。会場にはすでに60人が集まり、私のコンタクトワークを期待されている状況でした。ＪＣＥＴＩのスタッフに連絡してそこまで来てもらって、身体を支えてもらいながらなんとか会場へ向かったのです。

正直言って、近年でも最大級の大ピンチでした。渋谷スクランブルスクエア内のバーでギリギリまで出番を待って、痛みに耐えながらなんとか1時間あまりのコンタクトワークを行いました。

終了後は、忘年会に出席もできず、じっくりと時間をかけて徒歩で帰宅しました。「渋谷から歩いて帰ることができる場所に住んでいて良かった」とこれほど思ったことはありません。

「ヨシダ カイロプラクティック 恵比寿整体院」で救ってもらった窮地

翌朝になっても当然痛みは続いていたので、新橋の塩川カイロプラクティックに駆け込みました。事情を説明して、午前2回、午後2回の4回も施術を行っていただき、楽にしていただいたのです。塩川先生は予約ができないくらい人気の先生ですが、緊急事態ということで、この日は予約と予約の合間を縫って私を診ていただきました。

前日夜に破裂した爆弾による痛みや歪みを除去してもらったとはいえ、当然すぐに楽になったわけではありません。とはいえ、前述の通り塩川先生は予約が取れない上に、私にとって新橋は気楽に通える距離ではありませんでした。

そこで、ＪＣＥＴＩの事務所のある恵比寿に、塩川先生のと同じPalmer Collegeを卒業された方がクリニックを開いていることを教えていただきました。それが、吉田泰豪先生が院長を務める「ヨシダ　カイロプラクティック　恵比寿整体院」です。すぐに訪れ、吉田先生に事情を説明してカウンセリングをしてもらい、全15回の連続コースの施術をしていただくことになりました。

私の事務所から吉田先生のところまでは徒歩5分ほど。最初は週に1～2回のペースで通い、結果的には12月末から6月にかけて全15回の施術を行っていただきました。施術の効果もあって、私の身体も徐々に快方に向かっていきました。その結果、吉田先生の集中治療によって、見事に自分のベースとなる部分を取り戻すことができて、完治したのです。

エネルギーワークの実践者には身体のメンテナンスは必須

私の背中に保管されていた、家族のカルマや前世の負担はすごいものがありました。背骨というものは宇宙とつながるためのアンテナだからこそ、その部分に蓄積されていくのです。そして、本来であれば新しい刺激が入ると古いエネルギーを排出していかなくてはいけないのですが、私のケースはそれが積もりに積もってしまい、グラスから水が溢れてしまう状況に陥ったわけです。

私にとっては「背中全体の脱皮作業」が求められました。それを行うためにも、カイロプラクティックに通うことは、必要なプロセスだったのです。

冒頭で記したようにカイロプラクティックはアメリカが発祥です。しかし、私が実際に初めてカイロプラクティックを受けたのは、福岡でのことで、それも半ば偶然がもたらしたものでもありました。アメリカ発祥だからといってアメリカ人の生活の中に溶け込んでいるのかと言えば、決してそうではありません。そもそもアメリカ人はストレッチをあまりしませんので、自然と様々なものを身体の中に溜め込み、歪みが生じ、負荷がかかっています。実はみんなそれを我慢して生活しているのです。

私に限らず、他者に対してエネルギーワークを実践する人は、その過程において患者さんから色々なものを拾い受けてしまう傾向にあります。言わば職業病にも近いもので、避けては通れません。そのため、定期的な身体のメンテナンスが必要になってくるわけですが、カイロプラクティックは最適であると言えます。

思い返してみても、この時のピンチは相当のものでした。人生の中でもトップクラスだったと言っても過言ではないくらいです。ここまで日常生活に支障をきたすような事態に陥るとは……。

座ることも立ち上がることも難しく、靴下を履くことすら困難。タクシーの降り方ひとつでこんな事態を招くとは思いもしませんでした。これればかりは避けられなかったハプニングです。緊急で施術をしてくださった塩川先生、そして根気よく治療をしてくださった吉田先生に感謝です。そして、このカイロプラクティックという素晴らしいメソッドと出会わせてくれた福岡の芝尾先生にも大きな感謝を捧げます。

グレゴリーの窮地を救った「ヨシダ カイロプラクティック」院長　吉田泰豪先生の証言

吉田 泰豪

Yoshida Yasuhide

ヨシダ カイロプラクティック院長

1981 年生まれ。大阪府大阪市出身。同志社大学卒業後に渡米しカイロプラクティック発祥のパーマー大学に入学。日本人初のラグビー部員となり一定の成績を収めたものに付与される奨学金を得て卒業。「D.C.（ドクター・オブ・カイロプラクティック）」号取得。その後、オランダ・アムステルダムで最も来院者数の多いクリニックに勤務。2010 年より副院長となりアムステルダム院の代表となる。2016 年東京・恵比寿にヨシダ カイロプラクティック 恵比寿整体院を開院。病院と提携しレントゲン分析を行う日本で数少ないカイロドクターとして日本各地で普及活動に励む。

日本での生活で積み重ねた負担が時限式の爆弾になる

――グレゴリー・サリバンさんを最初に診察したとき、彼の身体の状態はどうでしたか？

当院では、初回の来院時はカウンセリングと検査が中心となります。しっかりと検査をおこない、問題箇所の特定・分析をして施術計画に基づいた適切な施術をおこなうためです。グレゴリーさんの場合は、初回のカウンセリング時からは姿勢が傾いてお尻が出ているなどの状況でした。かなりの悲鳴を上げている段階です。

彼の身長からすると、日本の規格ではどうしてもフィットしません。ベッドにしろ、電車にしろ、車にしろ、どうしても毎日前傾姿勢をとらざるを得ない状況で過ごされています。負荷をかけ続けないといけない状況下で、立ち仕事やデスクワーク、セッションワークを行いながら、さらに全国を飛び回られて移動が多い仕事をされてきた歪みが表出したのが、２０２１年末の出来事だったのだと推察します。

背が高い方全員がそうであるわけではないのですが、忙しさや無理な姿勢の取りすぎが積み重なって、コップに溜まった水が溢れ出るように、ぎっくり腰など痛みの症状として現れるのです。

グレゴリーさん自身の責任感の強さもあったと思います。身体に負担がかかっていることを理解していながらも、主催するイベントや招聘される講演会やセミナーには穴をあけられないという想いが強かったのではないでしょうか。安静にしたくてもなかなかできない事情があったのだと思います。

――グレゴリーさんの体はどれくらいの期間で回復されたのでしょうか？

初回のカウンセリングで、10回から20回弱かけてカイロプラクティックの施術を行えば、この症状は落ち着かせられると判断したので、グレゴリーさんに「明日も来てください。そしてコルセットを巻いてなるべく歩いてください」と伝えました。

緊急に治療が必要な、重症の病気を警戒する必要がある徴候や症状のことを、「レッドフラッグサイン」と呼びますが、そのケースを除いては腰痛含む背部痛では、安静にすると逆に治るスピードが遅くなるのです。ですので、辛いときも辛くないときも基本的には歩いてくださいというのは一番にお伝えしました。

グレゴリーさんのような症状の場合、患部を温めてベッドで横になって安静にするというのは、むしろ逆効果でしかありません。最初の3日間くらいは、アイシングか湿布をするか、ゆっくりでもいいので平坦な道を歩くことが効果をもたらしてくれます。

2ヶ月を費やしてカイロプラクティックで症状を治療

——吉田先生がグレゴリーさんに対して施術で行ったことについて教えてください。

カイロプラクティック用語に「サブラクセーション」というものがあります。これは、骨の歪みや微妙なズレにより神経が圧迫され、脳からの指令伝達が阻害されてしまっている状態を指しています。グレゴリーさんは脊椎と背骨に神経障害が起こってしまっていましたので、私の役割としてはサブラクセーションを取り除くことにありました。

具体的に何をするのかと言えば、背骨の動いていない箇所を動かしてあげるということに尽きます。しかし、グレゴリーさんの場合は、実際に症状のある場所と問題のある場所が必ずしも一致していませんでした（ほとんどの場合はちょっと違うことが多いのです）。

あまりにも辛い状態のときは、〝症状の本丸〟である背中と腰にいきなりアプローチができないので、まずは安定させるところから治療をはじめていきました。治療をはじめてから2ヶ月が経過した頃、「そろそろ施術を変えていきましょう」と、本丸の治療に入りました。

――グレゴリーさんのように移動が多い仕事は、それなりに身体に負担がかかってしまうのですね。

健康体であればある程度許容できるのですが、忙しいし、もともと抱えていたものもあるでしょうし、なによりも外泊先のベッドでは彼の身体は収まりきらない。さらにそのベッドのマットレスが低反発だと腰に問題がある人にとっては良くないですから。グレゴリーさんのような症状を抱えている方は、マットレスは硬めのものを選んでもらえたらと思います。

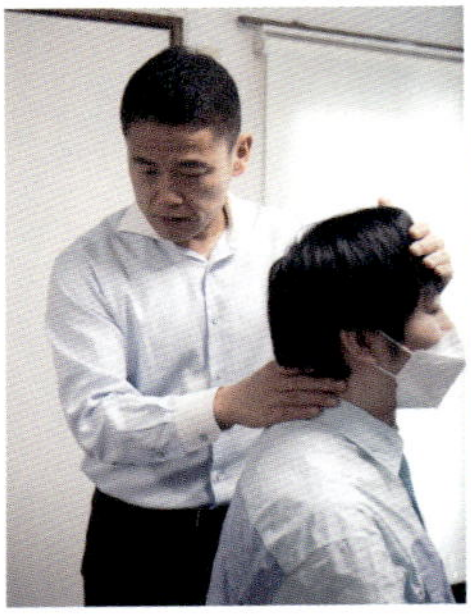

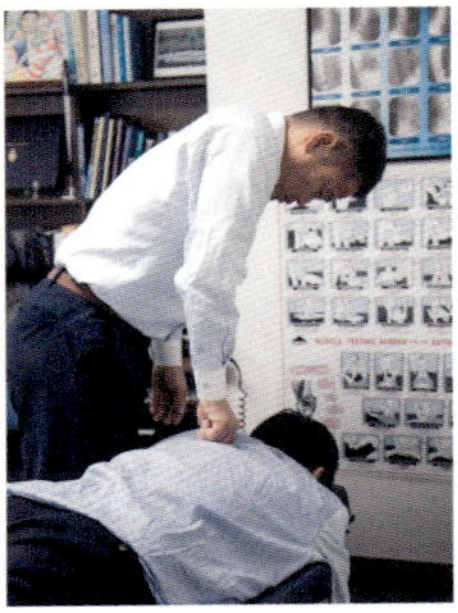

人間が持っている「良くなろうとするチカラ」を引き出すカイロプラクティック。

「ヨシダ カイロプラクティック 恵比寿整体院」の理念は、"あなたの目標や理想に近づけること"であり、治療やアドバイスを通して来院される方一人ひとりが自分の身体と対話する習慣をつけ、ご自身で健康管理ができるように導くことを使命とされています。

カイロプラクティック発祥の地であるアメリカに留学し、「D.C.（ドクター・オブ・カイロプラクティック）」を取得後、アメリカ・オランダで多くの臨床経験を積み、オランダ・アムステルダムの「Centrum Voor Chiropractitie」の副院長を務めた吉田泰豪院長が直接施術いたします。

初回検査はひとりひとりの状態を把握するために、カウンセリング・姿勢検査・レントゲン撮影をおこないます。日本に2台しか導入されていないレントゲン分析ソフトを使用した詳細な解析による検査結果を基に、最大限のスピード、最小限の力、最適の深さ・方向に施術をいたします。

「ヨシダ カイロプラクティック 恵比寿整体院」
住所　東京都渋谷区恵比寿南1-9-2　A.Iビル301
TEL　050-3645-3688
（完全予約制、新規は1日3名まで）
営業時間
月・水・金　10:00～19:00
土　10:00～14:00
休診日　木・日
アクセス　JR恵比寿駅から徒歩2分
URL　doctor-yoshida.com

フルボディ覚醒
メンテナンス
メソッド

METHOD 2
腸内洗浄

腸がキレイになれば
マインドそのものも変わる
タイムラインジャンプも可能に

腸を制するものは
人生を制する

私たち人間は食事をしないと生きていけません。それを積み重ねてきて今があるわけですが、当然ながらそれは腸を酷使することにもつながっています。腸は食べ物を消化吸収して排泄するための器官というだけではありません。現在では、感染症を防御したりアレルギー反応を抑制したりする免疫に関する働きがあることがわかってきました。他にも、肌荒れや肥満、生活習慣病、認知症やうつ病などのリスク低下にも重要な役割を果たしています。

近年では「脳腸相関」という言葉も認知されてきました。これは、脳と腸がお互いに密接に影響し合っていることを意味する言葉です。脳にストレスがかかるとおなかの調子が悪くなったり、おなかの調子が悪いと気分が沈んだりするといったことがその代表。つまり、腸をキレイにすれば脳もクリアになり、ひいてはあなた自身のマインドそのものが変化をしていくということなのです。

ヘルシームーブメントの聖地LAで出会った腸内洗浄

私が「腸内洗浄」に出会ったのは23歳の時のことでした。ニューヨークの大学を卒業した私は、同級生がカリフォルニアに戻ったこともあり、1年間LAに住んでいました。LAは音楽関係の仕事も充実しているだけでなく、ヘルシーなムーブメントの聖地でもあります。街にはヨガのスクールがいたるところにあり、スムージーやコールドプレスジュースのショップもできていました。

ある日、街を歩いていたら「Colonics（コロニックス）」と書かれた看板が目に飛び込んできました。医学用語で「結腸洗浄」を意味する言葉なのですが、どんなことをやるのかは少しだけ理解していました。当時、音楽業界で働いていた私は、まさに〝パーティーピープル〟でしたので（笑）、生活は不規則極まりないものだったのです。

外食も多く、大きな身体を動かすエネルギーを蓄えるために、肉類中心の食生活をおくっていました。だからこそ、数多くの看板からその単語が目に留まり、ピンと来たのだと思います。風の噂では、それを実践すると腸内だけでなく頭の中までクリアになると聞いていましたので、「いつかはやってみたいな」と自分の中のウィッシュリストに登録しました。

その当時ＬＡでブームが起こりつつあった断食やジュースファスティングにも関心があったのですが、一定期間食事を絶って頑張らないといけないプログラムよりも、その場の処置で終わる腸内洗浄の方が自分には合っているのではないかと思ったのです。

日本に移り住み、東京・銀座で人生初の腸内洗浄を体験

ニューヨークの大学時代はとても忙しく、身体が悲鳴を上げた時などはチャイナタウンまで足を運び、本格的な中国式マッサージを受けていました。ＬＡにいた頃も、鍼灸で身体のメンテナンスを定期的にやっていました。アメリカにいるときから、東洋医学的なホリスティック療法を積極的に取り入れていたと言えるでしょう。

アメリカ時代にも体内の洗浄を自分で試したこともありました。ドイツ人の医師アンドレアス・モーリッツが執筆した「Liver Frash（レバーフラッシュ／肝臓洗浄）」についての本を読んで実践してみたのです。

それは、絶食しながらエプソムソルトを溶かした水とグレープフルーツ、オ

リーブオイルを混ぜたものを手順通りに飲むことで、体内から「胆石」を出すというメソッドでした。それを終えた後は確かに身体が軽くなった実感があったので、腸内洗浄に対してさらに興味が湧いたのは間違いありません。

そこから日本へ最初の移住をして1年半が経過した2008年に、人生初の「腸内洗浄」を東京・銀座の今はなきクリニックで体験しました。銀座の地下街にあったクリニックで、確かドイツ製のマシーンを使用していました。すべてを終えた後のすっきりした感覚は今でも鮮明に記憶しています。確かに、腸の中だけでなく意識までもクリアになったのです。

2度目、3度目の腸内洗浄体験は、アメリカのクリニックで

そして、2度目の腸内洗浄は、最初の移住からの帰国後にマンハッタンのク

リニックで体験しました。そこは、あらゆる不調の原因となる全身の歪みを短時間で改善できる「グラビティ・セラピー」もやっているところで、日本で体験したドイツ製のパワフルなマシンとは異なり、身体への負担もなく、やさしいナチュラルなクレンジングが特長でした。

人間は、0歳からずっと毎日何かしらの食べ物を摂取して生きてきていますので、それが腸内に蓄積されてしまっています。そのため、腸内洗浄は1回で終わるのではなく、継続した方がディープクレンジングになるということを実感しました。

その後、私は日本に再移住をしてJCETIを立ち上げ、日本全国を飛び回りながら活動を行っていくのですが、その忙しさもあり腸内洗浄をするチャンスにはしばらく恵まれませんでした。三度目の機会は、かなり時間が経過した2018年のこと。ホリデーシーズンに帰国した際に、久しぶりにまとまった時間が取れたので、デトックスと身体のケアに費やしたいと思ったのです。

そこで、両親が住んでいるアメリカ北東部の街で腸内洗浄ができる場所がないか調べてみたところ、女性が経営する自宅サロンを見つけ、さっそく予約しました。そのサロンでは、テキサス州にある会社がつくったマシーンを採用していて、これまで体験してきたベッドに寝て行うものとは異なり、座って行うタイプでした。こちらのタイプのマシーンも、身体の中からリリースされていく感覚があり、負担もかからずやりやすいと感じました。

現在は、旧知の友人のもとで定期的に腸内洗浄を行う

そして私は再移住先の福岡を離れ、東京へと拠点を移しました。JCETIの活動の幅をさらに広げるだけでなく、YouTubeチャンネルの更新や書籍

の発売など多岐に渡るようになりました。変わらず忙しい日々をおくっているのですが、現在の私は3～4年前から品川にある星子クリニックで定期的に腸内洗浄を行っています。

クリニックを経営する医師の星子尚美さんと私は、福岡時代からのお付き合いで、知り合ってから10年以上は経過しているのですが、彼女が品川で腸内洗浄をやっていることを知りませんでした。

「東京都　腸内洗浄」でネット検索したところ星子クリニックが目にとまり、このクリニックって、もしかして尚美さんの？と、それはもう驚きましたよ（笑）。福岡時代には一緒に神社に参拝したこともあるのですが、まさか患者として尚美さんのクリニックに通うことになるとは思ってもいませんでした。回数券を購入して通うくらい、今では尚美さんにお世話になっています。

星子クリニックの腸内洗浄は、スタッフの方がとてもこまやかなケアをしてくださって、タッチがやさしくてすごく楽に体験することができます。腸内洗浄は身体の内側をきれいにするわけですが、思考がクリアになる以上に、皮膚病をはじめとして身体の外側にできた症状に対する治療効果もあると感じています。

タイムラインジャンプを行い、意識改革も伴う腸内洗浄

私自身、身体が大きいこともあって、昔から「肉を食べないとエネルギーを維持することができない」と思い込んでいましたが、やはり年齢を重ねていくうちに、肉を食べることによる身体への負担も無視できなくなりました。それが、腸内洗浄を続けていくうちに、おのずと〝終わったあとの身体の軽さをキープしたい！〟と考えるようになり、最終的に食生活を変えるきっかけにもなりました。

肉の中毒性から脱し、乱れきった食生活に別れを告げることができたのも、腸内洗浄を何度も経験したからに他なりません。

私にとって腸内洗浄は、文字通りのクリーニングだけでなく、タイムラインを変えることや意識改革を行うチャンスとして取り入れています。一つの分岐点を自ら作りだすための手段なのです。

腸内洗浄について初めて知ったのは20年以上前のこと。今に至るまでずいぶんと長い旅を続けてきましたが、今では信頼する方がこの腸内洗浄の普及に全力を注がれていて、様々な縁を感じています。

そうそう、こんなこともありました。新型コロナウイルスでロックダウン中だった頃、星子クリニックでいつものように腸内洗浄をした直後に、少し疲労感があって、そのまま帰宅して以前から観たかった今は亡き坂本龍一さんのドキュメンタリー映画を鑑賞しました。

坂本龍一さんが奏でるピアノの旋律に浸っていたときに、閃いたのです。ちょうどそのとき、私は10年ぶりとなるアルバムの制作の真っ最中だったのですが、正直に言って行き詰っていて、一ヶ月間手つかずの楽曲がありました。それが坂本龍一さんのピアノからインスピレーションを受けて、その楽曲に降りてきたピアノのフレーズを加えることで、一気に制作が進みました。まさに腸内洗浄がきっかけとなって、タイムラインジャンプが起きた瞬間でした。アルバムを完成させることができたのも、腸内洗浄のおかげであると言えるかもしれません。

グレゴリーのメンテナンスを行う
東京・品川「星子クリニック」
院長　星子尚美先生の証言

星子 尚美

Hoshiko Naomi

星子クリニック院長

大病を患い２回も九死に一生を得たことから、医師として自分が知り得た知識を伝えることが使命と考え、正しい医療とは何かを探求する。全人的医療を目指した自由診療のみの代替医療のクリニックを開業。がん、生活習慣病などの難病に苦しむ患者の治療と予防医療を行っている。食事療法をはじめとし、腸内洗浄や便移植などの最先端医療を駆使し、患者に優しい、カラダに優しい検査治療を行う。一般的な病院やクリニックとは一線を画すスタイルで治療を行っている。『腸のことだけ考える』（ワニブックス）など著書多数。

「腸を綺麗にしないと駄目なんだ」と気づいたことが原点

――星子クリニックで行っている腸内洗浄では、皆さんどのような感想を抱かれますか？

星子クリニックの治療方針としては、最初に食事を変えることを患者さんに推奨しています。そして、心の持ち方や考え方を変えることも。将来のことを心配したり、過去のことを悔やんだりしても仕方ありません。そうではなく、今この瞬間を意識して、現実に意識をもってくるようにマインドの転換をお伝えしています。

それでも変化がない場合は腸内洗浄を実践していただいて、腸から変えることを推奨しています。星子クリニックが腸内洗浄を導入して8年目を迎え、グレゴリーさんをはじめ多くの方がその効果を実感していただいています。

——星子先生が腸内洗浄の導入を決められたきっかけは何だったのでしょう？

私は16年前、開業して多忙を極めた末に乳がんを患ってしまいました。様々な要因がその引き金となったのですが、その一つに「便秘」があったのです。腸は毒素を排泄する一番大きな器官であり、腸が悪くなるとすべてが駄目になるということを、自分の身をもって知りました。

腸は全身に指令を出している器官ですが、そこに棲む腸内細菌は、日和見菌が7割をしめています。そのため、少しでも悪玉菌が増えると全部が一気に悪くなってしまうくらい、敏感なものなのです。逆に言えば、悪玉菌を取り除いてあげると、一気に善玉菌が増えていきます。そして、腸内環境が改善されれば、良い指令を体に伝えるようになります。発生学的にも、動物の進化の過程で最初にできた臓器は脳や心臓ではなく腸ですので、その重要性は言わずもがなですね。

それもあって、「腸を綺麗にしないと駄目なんだ」と思い、そのための方法をずっと探していました。そんな中で腸内洗浄に出会うことになるのですが、実はエジプトで発見された壁画の中に腸内洗浄を描いたものが残されているくらい、その歴史は古いということを知りました。

さらに、医学の父と称される古代ギリシャの医師ヒポクラテスは、「すべての病気は腸からはじまる」という言葉を残していますし、彼自身も腸内洗浄を患者に実践してきました。インドの伝統医学であるアーユルヴェーダでも毒を溜めずに排出するために「腸を洗いましょう」ということは言われてきています。

腸内洗浄は回数を重ねることでうつ病や統合失調症が改善

――実際に、星子クリニックで導入されている腸内洗浄プログラムについて、詳しく教えてください。

現在、星子クリニックで行っている腸内洗浄は、完全個室の心地良い施術空間でドイツ製のマシーンを使用して行います。薬品等の科学物質を使用せず、お腹の中を安全な温水で洗浄するため、苦痛はなく、リラックスして安全な治療を受けられます。

腸内洗浄の本場である欧米にて2万回以上の洗浄経験を有するDr．Med．Snigur Nedezhdaを医療アドバイザーに迎え、施術の監修を行っていただき、高い安全性を有したセラピーシステムを構築しています。

腸内洗浄（コロンハイドロセラピー・大腸洗浄）は、心地良い施術空間で行なわれます。完全個室ですので、プライバシーを保護し、ちょっとはずかしいと思われる方もご安心してご利用頂けます。まず事前の診察を行い、看護師にマシーンの圧力の指示を出していくのですが、腸内洗浄を快適に受けられるかどうかは熟練した看護師のスキルがとても重要になってきます。診察を含めてトータルで約1時間を要します。実際に腸を洗浄するのは40分です。

グレゴリーさんのケースで説明すると、彼はアメリカ人ですので、日本人と比べても腸が短いわけです。そのため、いかにリラックスしていただくかのテクニックが何よりも求められます。

体験後は、吹き出物の減少や肌荒れの改善、肌のはりやお腹のはりの改善といった身体の外側への影響以外にも、回数を重ねることでうつ病や統合失調症の改善が見られたという報告もあります。

腸内の悪玉菌優勢の状態をリセットします。すなわち長年蓄積されたあなたのお腹の中の不良債権処理です。これを薬物を一切使用しないで、短時間／短期間で行うのがコロンハイドロセラピーなのです。腸内洗浄終了後については、刺激物の摂取は避け、乳酸菌（ビフィズス菌など）の善玉菌を多く含む食品やオリゴ糖等の多い食事を摂ることで腸内の善玉菌の増殖に役立ちます。

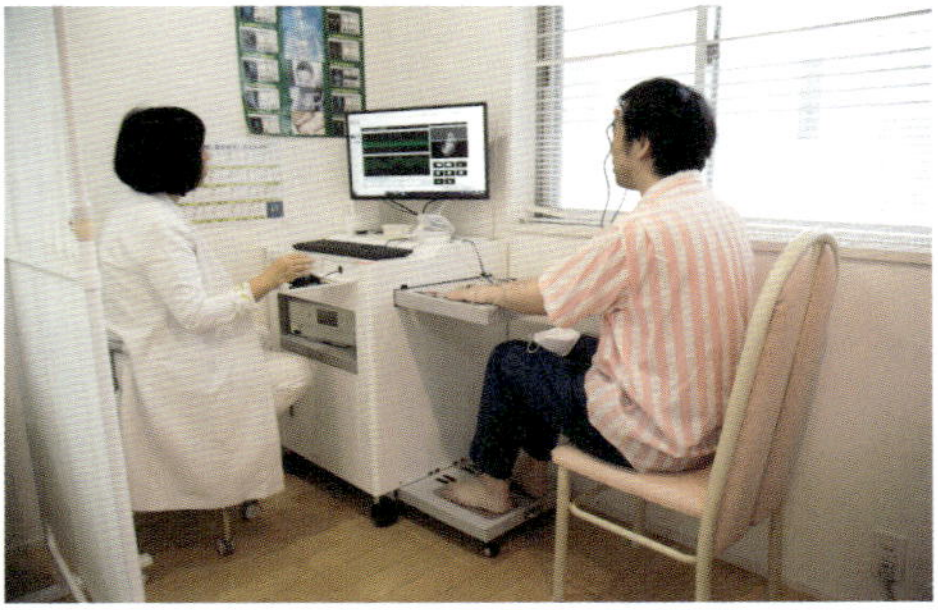

長年蓄積されたあなたのお腹の中の
不良債権処理を行うのが腸内洗浄のメリット

星子尚美先生が院長を務める星子クリニックは、「身体に溜まった老廃物・有害重金属を排出（デトックス）」「腸内環境を整える」「血液を綺麗にする」「免疫細胞を活性化する」「必要な栄養を補う」「自律神経を整える」など、多角的なアプローチで治療を行う自由診療専門のクリニックです。「予防・健康増進・未病の治療」「体の免疫力を高める疾患の改善」「がん・難病に特化した治療」を三つの柱として提案しています。

さらに、どのような食べ物を摂取したらよいかという食事指導や、食のセミナーなどもクリニックで開催し、真剣に自分自身の健康について考えてもらう“いやし処”として、子供からお年寄りまで、多くの方々に喜んでもらえるクリニックを目指しています。

さらに、予防医学・エイジングケアも推進しており、疲労感が取れない、より健康になりたい、若返りたいというような場合にも、その状態に適したケア（点滴など）を行っています。

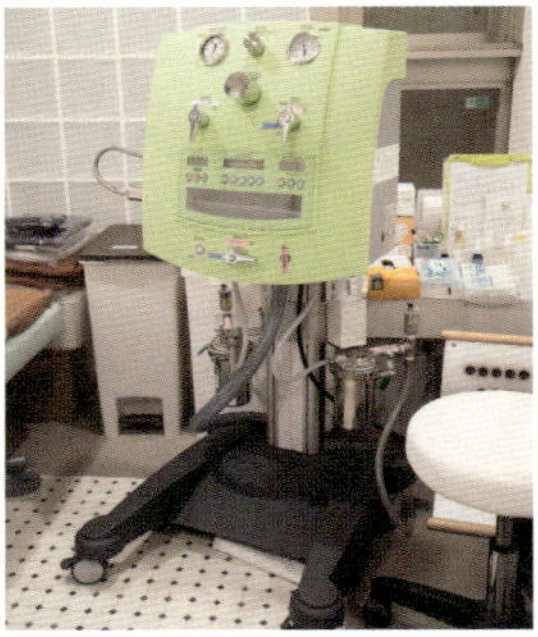

「星子クリニック」
住所　東京都港区高輪 4-18-10
TEL　03-6447-7818
営業時間
月～金　9:30 ～ 13:00 ／ 14:00 ～ 18:30
土　9:30 ～ 13:30
休診日　日曜日
アクセス　JR・京急品川駅高輪口より徒歩約 10 分
URL　hoshiko-clinic.com

フルボディ覚醒

メンテナンスメソッド

METHOD 3
ファスティング

食事の内容を変えて空腹の時間をつくることでエネルギーの質も変化していく

「本当の自分」を
感じたことはありますか？

動物性の肉を食べることをやめて、植物性中心の食事であるプラントベースに切り替える。そして、1日の食事の回数を減らしていき、空腹の時間を増やしていく。それに加えて、適宜全身を動かす運動を行う。それこそが、ここで紹介するDr ネイトのメソッドになります。

私たち人間が食事に費やすエネルギーは非常に大きいものがあります。肉を食べたあと、他の食材と比較しても消化時間の長さを感じている人も多いのではないでしょうか？ エネルギーがそっちに回されていると感じませんか？

高次元存在やETガイドとやりとりするためには、自分自身のエネルギーを研ぎ澄ませていく必要があります。そのためにも「本当の自分」を感じていくことが大切で、プラントベースとファスティングを組み合わせることは、そこに最短距離でアクセスすることができるルートなのです。それは、自分の体と心の声に耳を傾ける絶好の機会でもあるのです。

Ｄｒネイトとの出会いが自らの「腸内革命」を後押し

２０２０年くらいに遡りますが、Ｄｒネイトの奥様が私のセッションに申し込んでくれたことが私たちの出会いのきっかけです。これまで刊行してきた書籍や、インタビューを掲載していただいた雑誌『ｖｅｇｇｙ』を通して私のことを知っていてくれたみたいで、セッションメニューの中から、他のワークで解決できないヒーリングを実施してエネルギーボディの治療を行う「エーテル手術」を希望されました。それを知ったＤｒネイトが「どんなものなんだろう？」と興味を持っていただき、夫婦で受けていただくことになりました。

基本的に私のセッションでは、「エーテル手術」は初めての方に対してはやっていないのですが、ネイト夫妻は常日頃から高度なことを色々と実践されていて非常にレベルが高いお二人です。初心者という枠に収まる方々ではなく、一気にエーテル手術を行うことができるレベルに到達されていました。ごく稀にそういう方もいらっしゃいます。

「エーテル手術」のセッション時にＤｒネイトと初めてお会いして、意気投合。Ｄｒネイトは現役の形成外科医ですので、私が行っている「高次元ＥＴエネルギー医療」に対して興味を示してくれて、医師の観点からさまざまな質問をいただき、コミュニケーションを重ねていきました。

それとは別に、Ｄｒネイトは自身のボディメンテナンスのメソッドをオンラインで提供するプログラムの構想を持っていて、オンライン講座に対するノウハウを持っていた私の意見を伝えたりもしました。アドバイスをして知識を共有していくうちに、話の流れのなかで「ぜひ、君のメソッドのモニターをさせてほしい」と提案したのです。彼にとっては実践者の声（しかも自分と同じ白人男性）を集められるし、私にとってはボディメンテナンスにもなって、まさにＷｉｎ－Ｗｉｎですから。

星子先生のクリニックで腸内洗浄は定期的に行っていましたが、もっと根本の部分で腸をケアしたいと思っていた私にとって、Ｄｒネイトとの出会いからインスピレーションを受けた「食生活の改善」はまさに必然の出会いであったと言えます。

Ｄｒネイトが提唱するダイエットプログラムがスタート

ちょうどその頃、私的にとても忙しい日々を過ごしていて、定期的な運動をルーティンにすることができなかったうえに、食生活も外食が中心になっていました。自分でも「肉を減らさないと……」と思っていたこともあり、Dｒネイトにモニターを持ちかけたわけです。時期的には、私の腰に大事件が起こって吉田先生のところにかけこむ少し前のことでした。

Dｒネイトは、長年に渡ってヴィーガンであり、自ら〝SASUKEに出場するのが目標〟と語るくらいにトレーニングを欠かさない人です（なんと自宅の庭にSASUKE対策の練習装置を手作りしているくらい）。そんな彼が作り上げたダイエットプログラムは、基本的には「朝食と昼食はスムージーで、夜は肉以外ならなんでも食べてOK」というシンプルなもの。携帯用のスムージーブレンダーを出張用と自宅用の2台購入し、無理なく続けられる1日1食生活がこうしてスタートしました。

私はセミナーなどで日本全国を飛び回ることが多いので、出張先のスーパーで食材を調達し、ホテルの部屋でスムージーを作って飲んでいました。ファスティングそのものには昔から興味・関心はありましたが、短期間集中して行うような酵素ドリンクを飲むファスティングは、仕事柄どうしても難しく、断念していました。

私がセッションワークを行う際はどうしてもまとまったエネルギーが必要になるので、何も身体の中に入れないという状況は不可能なのです。Ｄｒネイトのダイエットプログラムは私の食生活を変えることができる範囲内でしたので、とてもやりやすいものでした。

プログラムは自身に大いなる影響をもたらしてくれた

プログラムがはじまってからは定期的にＤｒネイトから「調子はどう？　大変じゃない？」と声をかけてもらいました。彼も私も好転反応が起こるかどうか不安ではありましたが、幸いにして好転反応につきものの頭痛や倦怠感を感じることもなく、非常に快適に日々を過ごすことができました。

年齢を重ねてきたからか、近年は食事の量も減りつつありましたし、ダイエットプログラムの根幹である「肉を食べない」ということに対して負担に感じることもありませんでした。

モニター体験は特に機関の決まりはなかったのですが、Ｄｒネイトからは「最低でも３ヶ月は継続して様子をみましょう」と言われていました。それがあまりにも早く結果が出て、彼自身も驚きを隠せなかったようです。自分自身も、そこまでの負荷を感じることなく体重は減っていくし、体調もどんどん良くなっていったので、結果的に１年近くに渡ってダイエットプログラムを実践することになりました。

率直な感想としては「身体が軽くなった」というのは真っ先に挙げられるものです。ダイエットプログラムを実践するにあたって、Dｒネイトからは「この作品を観ておくといいよ」と勧められたものが、ＮＥＴＦＬＩＸで配信されている『ゲームチェンジャー：スポーツ栄養学の真実』でした。トップアスリートや科学者を中心に取材したドキュメンタリーで、肉を中心とした食生活が運動能力や健康に及ぼす影響を探求した内容となっています。この作品で語られていた内容をまさに実感しましたね。

胃腸の機能が改善されて消化が良くなりましたし、スタミナもついたと感じています。驚くことにエネルギーの使い方にも変化が起こりました。「エネルギーの質」の劣化が、プログラム開始前と比べて明らかに少なくなりました。

さらに集中力の高まりも大きな変化の一つとして挙げられます。それは私のクライアントに対しても良い影響をもたらしてくれました。1日の中で何件もセッションが入っても、最後まで集中力が途切れることなくやりきれるようになったのです。取り組んだ当初は、ここまでの効果があるとは思ってもいませんでしたので、期待していた以上のフィードバックがありました。

もちろん、個人差はあると思いますが、私にとってDrネイトのダイエットプログラムはとてもフィットしたと断言できます。ここまで長く続けられたのも成果であり、この経験のおかげで「また体調が悪くなったりしてもこのプログラムをはじめたら大丈夫」というポジティブな感情も芽生えました。

動物性の肉を絶ち
プラントベースに切り替え
心身をクリアにする

Drネイト（前島ネイト）

Dr.Nate（Maeshima Nate）

形成外科医

アメリカの大学を卒業後、23歳の時に初来日。日本語が全くできない状態から猛勉強し、日本の国立大学医学部に合格。日本語での試験をパスし、医師免許を取得。現在はフリーランスの形成外科医として活躍するかたわら、医師として身に着けた知識やプラントベース生活の実践、学生時代から鍛えぬいた肉体を通じて、独自のメソッドを世に広めている。

dr.neito

1日2食＋18時間ファスティングが効果大

――グレゴリー・サリバンさんを指導したネイト先生の食事プログラムですが、どのようにして生まれたものなのでしょうか？

私が皆さんに勧めているメソッドは、まず自分自身で人体実験をしたうえで効果が実証されたものをピックアップして伝えるようにしています。以前は西洋医学で教わった栄養学にのっとった食事をしていましたが、やがて教わった学問と自分自身の体調との間に乖離が生じていることに気づきました。しばらくは、東洋医学やヨガ、伝統的な食事療法、ファスティングを勉強し、その後妻がベジタリアン宣言をしたことで自分自身の食生活もプラントベースに切り替わることになり、7年前からは完全ヴィーガンにシフトしました。プラントベース食をやりながらトレーニングをしたところ、3ヶ月で体脂肪率が12％から8％に減少したうえに筋肉量が2kg増えたことで、この組み合わせに希望の光を見出したのです。

それ以外にも僕のメソッドの根幹になっているのが「ファスティング」です。いつもより集中力が上がって、トレーニング面でもパワーを発揮することができたので、いいことしかありませんでした。僕が最終的に辿り着いたのは1日1食の生活スタイルです。それができれば理想的ですが、継続しやすい形で効果を追求して辿り着いたのが次のスタイルです。

・1日2食
・1日のなかで食べる時間を6時間に設定
（お昼の12時から18時までの6時間のうちに2食を食べる）
・それ以外の18時間は空腹の時間

――ネイト先生のメソッドは、どういう流れで行われるのでしょうか？

最初に食事だけでなく生活面を網羅した問診を行います。食事に対する想いや感情、ときには執着の部分まで、その人を理解する手がかりになるので、必ず尋ねるようにしています。そのうえでプログラムを組んで一人ひとり異なるオーダーメイドメソッドを作り、それにプラスして運動の指導をさせていただきます。

――グレゴリーさんの場合はいかがでしたか？

グレゴリーは、仕事柄移動時間も多くて食べる時間がイレギュラーでした。そこで、彼には「1日1食＋スムージー」を提案しました。朝と昼にスムージーを自分で作っていただいて、それを食事代わりに飲むというものです。グレゴリーは付き合いもあって完全プラントベース食を実践するのは難しかったので、夜の食事は「肉は極力避けてください。外食時はお店のメニューの中からプラントベースを選んでください」と伝えました。

食生活や生活改善など「あなたにとってはこれが一番やりやすいですよ」とこちらが勧めることはできますが、本当は「感覚を研ぎ澄ませて、自分自身の体が一番欲しているものに気づける」ようになっていただきたいと思っています。

そういう意味では、グレゴリーは自分のことを一番わかっていました。仕事が多忙で生活パターンが日によって異なるため、ついついジャンクフードを食べたりしていました。自分の身体の声が聞こえない人が大半のなかで、それができるだけでもすごいことなのです。

前島ネイト先生のメソッドで
あなたもなりたい自分になろう

ファーストセッションの問診が終わると、ネイト先生がオーダーメイドメイドで一人ひとりにあったメソッドをアレンジ。こちらはグレゴリーさんのために作られたテキスト。

THEME of Dr.Nate's METHOD
Dr ネイトの「プラントベース＆ファスティングメソッド」のテーマ

「身体（ボディー）を通して心（マインド）を整え、心（マインド）を通して身体（ボディー）を元気にする」

ESSENSE of Dr.Nate's METHOD
Dr ネイトの「プラントベース＆ファスティングメソッド」の３本柱

①プラントベース食：植物性の食生活 = 身体と心に理想的です。加工品や人工的なものより、自然に近いもの (例えば新鮮な野菜やフルーツなど) を味わって食べると本来の元気につながっていくでしょう。
②ファスティングタイム：毎日一定の空腹時間を設けることが元気な身体と心につながります。若返りやダイエット効果のみならず、精神が安定し、情緒のアップダウンの波が穏やかになります。
③毎日の全身運動：全身を動かす運動は毎日やるのがオススメ。頭ばかり使って体を動かしていない状態だと，全身の気が滞り、身体も精神も健全に保つことは難しいくなります。

前島ネイト先生の YouTube & Instagram
YouTube チャンネル「Dr. ネイト & Aces of Creative」
dr.neito

Body・Mind・Spirit の道場＆食事・ファスティング・個別指導を行う
「secret garden clinic」
住所　東京都小平市学園西町 2-9-24
TEL 050-6883-6782
営業時間　完全予約制
アクセス　JR 新小平駅または西武多摩湖線一橋学園駅より徒歩約 10 分
URL　secret-garden-clinic.com

フルボディ覚醒エクササイズの疑問に
グレゴリー・サリバンがズバリ答えます

エクササイズにまつわるさまざまなお悩み Q&A part 2

P110～116で紹介したQ＆Aに引き続き、「フルボディ覚醒エクササイズ」を体験された方々から寄せられた質問に、グレゴリー・サリバンがお答えします。エクササイズを実際に実践される皆さんが抱えるお悩みを解消します。

Q.7

ワークを実践していくと体のどの部分が変化しますか？

Answer

ワークを行うと、異空間からの多次元エネルギーを受け取ることになります。それによって、最初に「エネルギーフィールドのエーテル体」に効果が及びます。その後で、肉体にまで効果が降りてくるというプロセスを経ることになります。

そのときにどのような効果が得られるかと言えば、「身体のフィット感」や「身体の心地良さ」が明確に変化していきます。言葉にはならなかったなんとなくモヤモヤする感覚やエネルギー的なズレというものが見事に消え去り、人によっては細胞が若返ることも起こり得ます。まさに自然に身体が正常な状態に戻っていくのです。

ワークによって得られる変化に関して、他にも数多くの変化が報告されています。むくみがなくなり、小顔になったという人もいらっしゃいます。全体的に血流が良くなった、姿勢が良くなったことで背が少し伸びたという報告もいただきました。さらには、メンタル面においても副次的な効果があります。外部から左右されなくなることにより、メンタルが安定して、人混みにいることが問題なくなったり、苦手としていた場所に行っても平然としていられるということも起こります。ありとあらゆる場所でニュートラルな感覚でいられるようになるのです。

Q.8

エクササイズは少しでも効果はありますか？

Answer

「スピリチュアル・プラクティス」という言葉もある通り、習慣にすることが何よりも大事です。大きなエネルギーの変化を起こすためには、繰り返し行うことが必要になってきます。最初は「ワークを練習して形を習得する」というフェーズがあるわけですが、これは楽器の演奏をはじめ、新しいスキルや能力を身につける際のプロセスと共通しています。形を学んであとはひたすら練習あるのみ。それを繰り返していくと、数週間後には身につけたプロセスを実践していくフェーズに移ります。このときに知っておいてほしいキーワードは「共振（レゾナンス）」です。ある程度までは確かに努力が必要ですが、共振に達することができれば、とてつもないパワーを発揮できるようになります。

Q.9

一番目指すべきところはどこなのでしょうか？

Answer

「サトルエネルギーの世界と見えない高次元のスピリチュアルエネルギーの復活」こそがあなたが目指すべきところです。ワークによって得られる効果そのものが、皆さんにとっては未知の世界の扉を開くものとなるでしょう。私からは、「ワークを継続することが非日常へとつながりますので、自分自身に対して制限をかけたりしないでほしい」ということをお伝えします。思い込みで「ここまでかな」と感じたりして、ワークの効果を自ら狭めてしまうことだけは避けないといけません。

Q.10

どのようなポジティブな変化が周りに生じるのですか？

Answer

　内面に変化が起きることによって、自分を取り巻く外側の変化も連動して起こり、それが日常生活に反映されていきます。悩まされていたカオス的なシナリオが発生することが少なくなり、日頃からネガティブに感じていた場所も自然と避けられるようになります。何よりも、ワークを継続してやり続けていくことで、あなた自身の習慣そのものが変わっていきます。たとえば、気づいたら笑顔になっているということも起こっていくでしょう。笑顔が出やすくなるということは、あなたが発した言葉についても受け取る側のニュアンスが異なっていきます。それが何をもたらすのかと言えば、コミュニケーションの質の向上であり、それはプラスのエネルギー交換ができるようになるからです。友人や仕事関係のコミュニケーションだけではなく、家族関係にもその変化は及んでいきますので、構築が難しかった関係性であってもやがて改善されていきます。

　他に起こる変化としては、いつも時間がなくて焦っている方であれば、時間の余裕が生まれて、ほっと気が休まる時間が増えるということでしょうか。やがて時間の流れを自分に合わせてコントロールできるようになるので、焦ることもなくなっていきます。

Q.11

人によってはネガティブな変化が周りに生じるのですか？

Answer

ネガティブなことが起こるとしたら、その根本にはあなたが変わっていくことに対して生じる場合があります。それが起こるとしても、決して恐れないでください。人間という存在はすごいもので、私たちが気づかないところで、テレパシーや第六感の能力を使って生活しています。ですので、あなたがワークを継続してどんどん変化していくと、そのことを誰にも言わなかったとしても、周りにいる人たちは無意識下でそれをキャッチします。その変化の兆候から、「この人は私が知っている人ではなくなっていく」という恐怖を抱き、あなたを責めることも起こり得るのです。ただ、それはあなたに責任がある問題ではありません。そのことに対して悩む必要はなく、真剣に向き合わなくてもいいものです。

それ以外にも、どうしても「変化をもたらしている者」は目立ってしまいますから、アルコンなどのネガティブな存在に目をつけられ、霊的ないやがらせを受けてしまうことがあります。ワークを行ったすべての人に起こるというわけではありませんが、あなた自身の必要な成長に応じて、ときにそういう目に遭ってしまう可能性も出てきます。そのときは空間クリアリングを行って対処するようにしましょう。

Q.12

自分のキャパシティを拡大するの意味とは何でしょうか？

Answer

自分という存在は拡大できる成長可能なもので、ワークを継続することで、フルボディ活性化の波に乗ることができれば、あなた自身のキャパシティもどんどん拡大していきます。高次元情報は非常に膨大です。それを受け入れることができれば、限界まであなた自身に備わった機能を使うことができる宇ようになります。自分自身の成長にあわせて、どんどん新しい情報を落とし込んでいくことができれば、エネルギーの量も増えていきます。それは他人の問題を抱えて昇華することができるようになるくらいに。それくらい、拡大された人間のキャパシティはすごいものなのです。

人間の脳は、進化の過程で、長期的な未来の展望ではなく、目の前にあるもののことしか考えないようになってしまいました。そんな状況下で成長した人間は、当然ながら目の前の情報しか頭に入ってきません。それがスピリチュアルの成長に目覚めると、受け付けられなかったものや見落としたもの、周辺に散乱したものすら受け入れられるくらいにキャパシティが拡大するのです。オーラの大きさや見えないボディのチャクラの大きさや働き具合が活性化することで、新しい刺激を受け取り、覚醒することができるのです。

エクササイズを続けていくことで「新人類」の先駆者になれる

エクササイズ集『ホログラム・マインドIII』は宇宙的に重要な役割を果たす一冊になる

「フルボディ覚醒」のための自力でできるエクササイズを紹介してきた本書もいよいよエンディングを迎えました。皆さん、本当におつかれさまでした！

これから、本書で紹介してきたそれぞれのツールやエクササイズを自分のものにして、日常的なルーティンとして取り入れてもらえたら、こんなに嬉しいことはありません。

『ホログラム・マインドIII』で紹介しているエクササイズを実践すれば、今まで届かなかった新しい次元の光との接触が可能となり、それにより「ディープシャドウ（深い内面のしがらみ）」を克服・超越し、New Earth の上に立つ「新人類」の先駆者になっていくのです。

新人類とは、当たり前であったはずの私たちの肉体が、他のエネルギー霊体のパワーを起動させることによって、「スーパーヒューマン」になった存在と言えるでしょう。それはまさに「宇宙化していく人間の身体」を持つことであり、エクササイズは人間と新人類をつなぐ架け橋のようなものです。

まるごと一冊エクササイズの本が生まれるのも、これが初めてのことになります。それがフルカラーで紹介できるのも、スピリチュアル業界でも初の試みです。それがこの日本から生まれたことは、宇宙的にも重要な役割を果たすことになるでしょう。この本を読んで私たちの活動に興味をもっていただいた方は、ぜひ他のセッションやワークでお会いしましょう！

ORGONE GENERATORS

生命エネルギーを導く
オルゴン・ジェネレーター®

JCETI が取り扱いを開始した「オルゴン・ジェネレーター®」をご紹介。グレゴリー・サリバン自身による、“オルゴンエネルギー”やそれを生成する「オルゴン・ジェネレーター」の詳細解説とともにお届けします。

「オルゴン・ジェネレーター®」の生みの親
カール・ハンス・ウェルズ Karl Hans Welz

1944 年、オーストリア生まれ。幼い頃から天体物理学、数学、物理学など科学全般に対する興味を抱き、大学で数学と物理学を学ぶ。同時に旅を愛し、南アフリカ、スイス、ベルリンで暮らし、1974 年以降はアメリカ合衆国へ移住。ルーン魔術やアストラル旅行などのいくつかの形式の生命エネルギーを研究。1991 年に「オルゴン・ジェネレーター®」を開発する。

「オルゴン・ジェネレーター®」は、発明家のカール・ハンス・ウェルズによってこの世に送り出されたものです。すべては、精神分析家であるヴィルヘルム・ライヒが、生命エネルギーの概念として「生命体（organism）」と「オーガズム（orgasm）」を組み合わせた「オルゴンエネルギー」を生み出したことからはじまります。ライヒに傾倒していたウェルズは、彼の遺志を継ぐ形でオルゴンエネルギーの研究を重ね、ついには 1991 年にオルゴンエネルギーを生成する手段を発見し、エネルギーを生成する装置「オルゴン・ジェネレーター®」の開発に成功したのです。2004 年にカール・ハンス・ウェルズは亡くなりますが、その後は直系の子孫によって製品が製造されています。

アメリカでは、すでに何千人もの人々が、「オルゴン・ジェネレーター®」を使用することで、何年も行き詰まりを感じていた後でも、自分たちのエネルギーフィールドを強化し、人生に持続的で前向きな変化を生み出すことを実現しているのです。

Gregory’s Comment

「オルゴン・ジェネレーター®」は、装置を稼働させている間、ずっと生命エネルギーの「オルゴンエネルギー」が空間に広がり満たされていきます。ウェルズ氏は様々なタイプの装置をつくりましたが、JCETI ではそのなかから代表的な二つの製品を取り扱うことになりました。

オルゴンエネルギーが発する氣は四次元エネルギーです。だからこそ、色々なものをそこに乗せることができますし、距離も関係なく機能します。実際に、創造的な働きをもたらしてくれますし、あなたの実現力を強化してくれます。そして、装置には脳波設定ができるようになっていますので、その時々の気分に合わせて周波数を変えて、エネルギーを浴びてください。

JU 1000
ORGONE GENERATOR®

「JU1000」は、最も人気のあるエントリーレベルのオルゴンエネルギーデバイスです。JU1000 には、デバイスが生成したオルゴンエネルギーの周波数を調整するためのダイヤルがついています。 6 つのプリセット周波数のいずれかにデバイスを設定できます。

θ（シータ）3.5 Hz……ワンネスの体感
θ（シータ）6.3 Hz……学習能力や記憶力の向上
α（アルファ）7.0 Hz……芸術的なインスピレーションや創造性の向上
α（アルファ ）7.83 Hz……地球の共鳴、グラウンディングなどの刺激
α（アルファ ）10.0 Hz……普遍的な有益性、気分の高揚、中心性の獲得
β（ベータ ）14.1 Hz……日常活動、精神的および肉体的エネルギー、フィットネストレーニングの効率化

LPOG 2400 HD ORGONE GENERATOR®

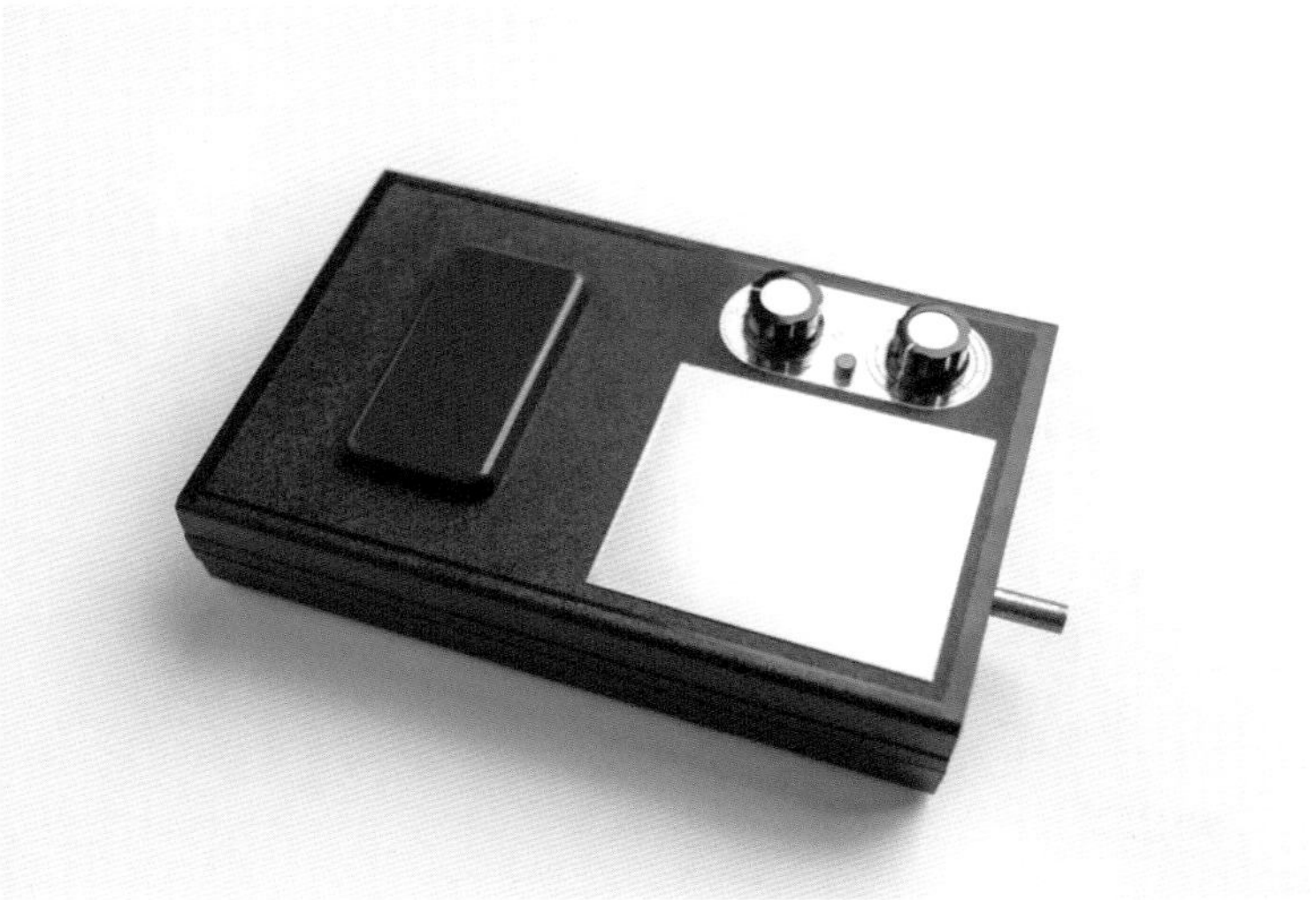

ハイエンドタイプのLPOG 2400 HD は、大幅に増加した オルゴンエネルギー出力に加え、ラジオニクス機能を備えています。LPOG 2400 HD にも、デバイスが生成したオルゴンエネルギーの周波数を調整するための 2 つのダイヤルがついています。周波数とそれによって得られる効果も JU1000 と同様です。
さらに、LPOG 2400 HD は、「Orgonite® Power Booster」（別売り）とリンクして、エネルギー伝達を促進できます。 LPOG 2400 HD の電源を入れ、Orgonite® ペンダントをポケットに入れて外出するだけで、Power Booster があなたとデバイスの間に「構造的リンク」を作成し、世界中のどこにいても LPOG 2400 HD からオルゴンエネルギーの出力を受信できるようにします。

JCETIでは、
宇宙的地球の変化を体感できる
イベントを実施中です！

「JCETI《ジェイセッティ》」とは……「日本地球外知的生命体センター」の略称。
「ET SPI」とは……ET（宇宙人）スピ（スピリチュアル）のこと。

★ JCETI開催イベント内容

・バイオリジェネシス療法
・CE-5コンタクトイベント
・室内ETコンタクト：ETトランスコミニケーション
・海外ETコンタクトツアー　など

★ JCETI公式ウェブサイト

www.jceti.org

★ ET SPI公式ホームページ

www.etspi.com

★ ET SPIオンライン
コミュニティも募集中！

JCETI公式LINE
JCETIの活動に興味を持っていただけた方は、下記QRコードをスキャンしてLINEの友だちを追加してください。

グレゴリー・サリバンが代表を務める「JCETI」の活動の様子

（写真は ET SPI グループワークと CE-5 コンタクトイベント）

プロフィール

グレゴリー・サリバン

JCETI代表、
アセンション・ガイド、
ETコンタクト・ガイド、
著者、音響エンジニア、音楽プロデューサー

1977年、ニューヨーク生まれ、2003年から日本に在住。2007年にアメリカの隠された聖地アダムス山で、宇宙とのコンタクト・スイッチが起動された体験を持つ。2010年にJCETI（日本地球外知的生命体センター）を設立。日本のこれまでの「アセンション」や「宇宙人」や「UFO」といった概念を書き換え、全く新しい宇宙観を根付かせる活動を展開。日本各地で世界共通のETコンタクト法「CE-5」を500回以上行っており、約5000名の方が実際にETコンタクトを体験している。また宇宙機密情報を公開する「ディスクロージャー」の分野を日本で初めて展開、代表する研究も行っている。一人ひとりが高次元意識とつながれば、地球でも宇宙的ライフスタイルが実現できると伝えている。独自の自力アセンション学に基づき、「インセンション入門」「スターシード・サバイバル」「スターキッズ」「Liquid Soulセッション」等の講座で、最先端のサポートを実行している。

現在では英語圏での活動も増え、世界中の皆さんが深い交流を行い、日本の隠されたスピリチュアルの世界を海外へも広めている。また、ミュージシャンとしての顔も持ち、アンビエントミュージックを中心に音楽活動も精力的に行っている。

Youtubeチャンネル
JCETI Japan

ホログラム・マインドⅠ
宇宙意識で生きる地球人のためのスピリチュアルガイド

アセンション・ガイドとして世界的に著名なグレゴリー・サリバンが記す、世界で一番シンプルな宇宙と繋がるガイダンス。これからは自分の力で宇宙ファミリーと繋がる時代。急激に目覚めているスターシードのための究極のガイドブック。あなたもセルフマスタリーで宇宙の体現者になろう！

定価　1,650円（税込）
ISBN978-4-906913-56-5

ホログラム・マインドⅡ
宇宙人として生きる

前作から５年ぶりとなる待望の続編。グレゴリー・サリバンが、世界中のアセンション・ガイドたちから集めた最新の超ディープ体験談をもとに記した、激動の地球を生き抜くための自力型アセンションを一冊に集約。直面する人類共通の試練に立ち向かう先駆者になるための、地上発の専門的なアセンション学ガイドブックです。

定価　1,980円（税込）
ISBN978-4-906913-95-4

ホログラム・マインドⅢ

フルボディ覚醒

2024年12月10日　初版発行

著者　グレゴリー・サリバン

編集　大崎暢平（キラジェンヌ株式会社）
編集協力　今村桜子
写真　五味茂雄
モデル　相馬絵美

カバーデザイン&イラスト　新井美秀
デザイン　北田彩（キラジェンヌ株式会社）

発行人　吉良さおり
発行所　キラジェンヌ株式会社
東京都渋谷区笹塚3-19-2青田ビル2F
TEL：03-5371-0041　FAX：03-5371-0051

印刷・製本　モリモト印刷株式会社

「自分のエネルギーを呼び戻す宣言」「KRYSTAHLキッズ」は
リサ・レネイの「Energetic Synthesis」教材より提供

ISBN978-4-910982-04-5